全国高等……教育丛书

中外建筑赏析

Appreciation and Analysis on the World's Architecture

（第二版）

王烨　编著

中国电力出版社

内容提要

建筑艺术是一门博大精深的艺术，它涉及人类历史和社会发展的各个阶段，既与我们的日常生活息息相关，又是一种较难理解的、抽象的综合型艺术。本书从分析建筑艺术的相关要素入手，解析建筑艺术的内涵，阐述建筑艺术赏析的方法，概括介绍中西方古典建筑、现代建筑和当代建筑的艺术特征，并对不同时期与流派的经典作品进行赏析。第二版中补充了当代建筑审美多元化的相关论述，以及国内外相关经典作品的赏析，如参数化建筑赏析、当代中国建筑师作品赏析，使全书内容更加完整。

本书图文并茂，可读性强，适合作为高等院校建筑艺术欣赏公选课教材和建筑类相关专业的参考书籍，同时也可供广大建筑艺术爱好者阅读。

图书在版编目（CIP）数据

中外建筑赏析／王烨编著．—2版．—北京：中国电力出版社，2020.3（2024.1重印）
（全国高等院校公共艺术设计教育丛书）
ISBN 978-7-5198-4024-2

Ⅰ．①中… Ⅱ．①王… Ⅲ．①建筑艺术－鉴赏－世界－高等学校－教材 Ⅳ．①TU-861

中国版本图书馆CIP数据核字（2019）第252750号

出版发行：中国电力出版社
地　　址：北京市东城区北京站西街19号（邮政编码100005）
网　　址：http://www.cepp.sgcc.com.cn
责任编辑：王　倩（010-63412607）
责任校对：王小鹏
责任印制：杨晓东

印　　刷：三河市万龙印装有限公司
版　　次：2020年3月第二版
印　　次：2024年1月第二版第十三次印刷
开　　本：789毫米×1092毫米　16开本
印　　张：8
字　　数：214千字
定　　价：58.00元

第二版前言

本书第一版自2012年1月出版以来，承蒙全国广大院校师生们的厚爱，至2019年年底已多次印刷。在第一版的总体架构中作者单列了“如何欣赏建筑艺术”一章，从分析建筑艺术的相关要素入手，解析建筑艺术的美学规律，提炼建筑艺术的赏析方法，目的是希望能引导读者学会“看建筑”“品建筑”“读建筑”。从本书近8年的使用情况看，这一构思得到了广大读者的认可，也成为本书的最大特色。

因此，本次再版修订保持了原书整体架构和主要内容不变，适当补充了当代建筑审美多元化的相关论述和国内外相关经典作品的赏析，使全书的内容体系更加完整。修订较多的篇章集中在第二部分和第六部分。其中，在第二部分第二节中进一步梳理归纳了有关古典建筑美学、现代建筑美学的基本特点，补充了形式美法则的内容，简述了当代建筑审美多元化的特征。第六部分中增加了“参数化建筑赏析”和“当代中国建筑师作品赏析”两个小节的内容，目的是帮助读者理解参数化建筑这一新设计思潮的成因、内涵和特点，了解当代中国本土建筑师的探索与成就。另外，此次修订还对全书的文字做了进一步精炼，力图使本书的语言更加流畅简洁，更具可读性。

在本书再版过程中得到中国电力出版社王倩编辑的大力支持和帮助，在此深表谢意。

由于本书涉及内容广泛，作者才学有限，疏漏和偏颇之处恐难避免，恳请同行专家和广大读者批评指正。

王烨

2019年10月于上海

第一版前言

建筑艺术是诸多艺术门类中的一个重要部分，在西方经常被置于所有艺术门类中最重要的位置。随着我国社会、经济的快速发展，人民生活水平的不断提高，越来越多的人有机会踏出国门，饱览世界各地的城市风光和建筑艺术，而北京奥运会、上海世博会、申报世界历史文化遗产等重大事件也使我国的建筑艺术备受世人关注。但建筑艺术涉及人类历史和社会发展的各个层面，是一种较难理解的、抽象的综合型艺术，没有引导往往不易入门。因此有必要编写一本关于建筑艺术赏析的书，对公众，特别是对高等院校的学生，能起到普及建筑艺术知识、培养人文精神、提高建筑鉴赏能力的作用，这正是编著本书的初衷和目的。

本书在体例上突破了以往相关书籍以历史发展或地域为主线展示建筑作品的模式，单独辟出一章来阐述如何欣赏建筑艺术，从分析建筑艺术的相关要素入手，解析建筑艺术的美学规律，提炼建筑艺术的赏析方法，目的是引导读者学会“看建筑”“品建筑”“读建筑”。

世界建筑艺术宝藏异彩纷呈，由于篇幅所限，本书主要以中西方古典建筑、现代建筑和当代建筑作为赏析的重点内容，在概括介绍建筑风格和流派的艺术特征的基础上，选择最具代表性的经典作品进行了具体赏析。需要指出的是：一、对建筑艺术的理解和鉴赏并无统一的标准，同一个建筑作品往往因欣赏者个体的审美差异而有不同的解读，因此本书对经典作品的品评也只是基于普遍意义上的概括和理解；二、建筑艺术是多维的艺术，任何二维媒介都无法再现其完整面貌和韵味，只有亲身体验才能感受其魅力所在，领悟其艺术真谛。

本书在编写过程中得到席跃良教授和中国电力出版社王倩编辑的大力支持和帮助，在此深表谢意。

由于本书涉及内容广泛，作者能力有限，加之成书仓促，疏漏和偏颇之处恐难避免，恳请同行专家和广大读者批评指正。

编者

2011.5

目录

第一部分 建筑艺术概述

建筑是门艺术，它这样安排和装饰人们所建造的大厦：不管它是什么用途，它给人的视觉形象，应该带来心理健康、力量和愉快。

——J·拉斯金（John Ruskin）

在人类的创造中，最伟大、最激动人心的作品莫过于建筑。走进宁静的古镇民居，流连于粉墙黛瓦下的幽深小巷，沉醉其中；登临名山古刹，倾听暮鼓晨钟，若有所悟；穿梭于喧闹的都市，那一座座高耸入云的摩天大楼，作为现代技术的“图腾”，更是令人震撼。西方古典建筑的恢宏气势，东方传统建筑的古老神韵，现代建筑的千姿百态，无不凝结着人类的智慧，体现出建筑艺术家的浪漫情感和科学技术的理性力量。

一、什么是建筑

建筑是房子；
建筑是空间的组合；
建筑是石头的史书；
建筑是凝固的音乐；
建筑是技术和艺术的结合；
建筑是首哲理诗；
建筑是……

图 1-1　京都龙安寺的枯山水庭院，精心布局的白砂、绿苔、褐石，表达一种空寂的美和禅宗韵味

图 1-2　吉萨金字塔群，巨大单纯的几何造型在广阔的大漠中表现出超越自然的壮美和强烈的纪念性

建筑，在人们日常生活中接触最多，它因人们审视角度的不同而被诠释以不同的内容。

建筑的英文解释是Architecture，是“巨大的”和“工艺”两层意思的综合，即“巨大的工艺”，强调建筑的技术性和艺术性。Architecture不是一般意义上的建筑物（Building）或房子，而是指具有价值功能的文化或艺术形式。

建筑具有物质性和精神性双重属性，是物质与精神的统一。建筑的物质性体现为：首先，它具有使用功能，即为使用者提供适用、安全和舒适的空间；其次，建筑的建造要在一定物质条件的限制下，调用一切可能的物质手段才能完成，如气候、地形、材料、结构、设备、施工和经济状况等，它们既是建筑的限制条件又是建筑的实现手段。而建筑的形式美感，可使人产生美的愉悦感；也可造成一定的情绪氛围，形成环境气氛（图1-1）；有时甚至具有鲜明的精神性和指向性，以陶冶人的情操，震撼人的心灵（图1-2）。这些精神性因素正是建筑精神性的表现，也可以被泛称为建筑的艺术性。

二、建筑艺术的内涵

建筑是人们谈论和接触最多的环境，事实上建筑为人所用，既有物质功能，又有精神功能，有着十分丰富的内涵，其内涵系统构成建筑的基本属性，概括起来包括以下几个方面。

（一）时空性——建筑依实构虚，应时而存

对建筑来说，其空间的属性是与生俱来的。空间是建筑的主角，是人们行为的导演，建筑是形实和虚空的统一。中国古代哲学家老子认为“凿户牖以为室，当其无，有室之用。故有之以为利，无之以为用”。意思是说：开凿门窗造房屋，有了门窗，四壁中间的空间，才能有房屋的作用，所以“有”（门窗、墙、屋顶等空间）所给人们的“利”（利益）是必须靠“无”（虚无的空间）来体现的。

建筑中的空间组合和限定构成人的活动环境。人们对空间的感受具有多样化的特

点，卧室为私密的空间，客厅为开放的空间，骑楼为线性的灰（中介）空间，中庭为“人看人”的共享空间，广场成为城市的容器空间（已超越建筑而介入城市规划的范畴）……同样，人们对空间的感知也是多层次的，从建筑的单元空间到群体组合，从入口门厅到深深庭院，从幽曲街巷到巨型都市空间，人们的感知层次均不一样。

建筑的时间性主要表现在建筑的存在、使用和对建筑的审美等几个方面。如北方一个典型的四合院，要先穿胡同，然后进大门，再绕照壁，过前院，再进垂花门，走过抄手游廊，才能进入正房；而正房又有明厅、暗房，房中又有前罩、后炕。这样一个必须走过的程序，不是可有可无，可长可短，而是被“强制”完成的。这样也就渗入了时间的因素，于是，由空间到时间，由静态的三度实体到动态的四度感觉，时空交汇到了一起，也只有在这种时空交汇中，人们才能获得不同的审美感受，建筑也才发挥了其审美价值。

（二）技术性——建筑依技术而为，物质构成保障

建筑之美，依技术而成。古代石砌木构，现代摩天大楼，均显出建筑对技术的依赖。反之，每次工程技术进步又推动建筑的革新。正如意大利著名建筑师奈尔维所言，一个公认的伟大建筑没有一个不是在技术上也有良好表现的。古罗马人的火山灰水泥，使得巨大的斗兽场成为可能；飞券结构，让哥特建筑高耸向上；榫卯结构形成了东方神韵的木结构体系；钢和玻璃的应用，产生了现代建筑的审美意向和观念，信息社会的发展孕育了现代智能建筑……

（三）艺术性——建筑既为实用对象，又为审美对象

建筑有别于其他诸如音乐、绘画、雕塑等艺术，它是以其形体和它们所构成的空间等给人以精神上的感受，满足人们审美要求。它是有更多实用价值的无言的诗，是人类文化的物质载体。它既是物质产品，又是艺术创作。

在人类文明的进程中，建筑随时代而生，随社会而变，积淀人类文化，映射人类进步文明，表达丰富的艺术内涵：

雅典卫城——反映胜利的喜乐和时代回声。

布达拉宫——神圣的心灵之殿，融入蓝天，化作山脉（图1-3）。

江南园林——透出儒士的避世怡情之意。

北京故宫——传递着皇权之威严、等级之秩序。

民居古宅——就地取材，体现“朴素自然观”。

各个建筑艺术流派也都以其独特的建筑语言展示着建筑的艺术个性：古典主义的典雅和谐、现代主义的简洁抽象、后现代主义的兼容并蓄、解构主义的突变奇绝……

（四）民族性和地方性——地域产生特色，民族审美各异

一个民族或地区在长期的社会发展过程中形成的文化表达方式、宗教文化、社会思想、生活方式与习俗使建筑产生了丰富多彩的民族性和地域性特征，构成了建筑文化中丰

图 1-3　雄伟的布达拉宫

富的内涵。例如，同样是宗教建筑，天主教的代表形式哥特式建筑表现出神秘高耸和升腾之感，东正教堂的穹顶建筑则表现出教意的辉煌，而伊斯兰教建筑的拱券和高塔则表现与真主对话的虔诚。穆斯林聚居区中最高大、精美的建筑一定是清真寺，而教民的住宅也都会围绕清真寺来布局。在北京四合院中中轴对称、坐北朝南、长幼尊卑的秩序感正是中国传统文化等级观念的集中体现。

气候、地理、材料等条件的差异同样也导致了建筑的差异。例如，同样是院落式住宅，中国北方民居多采用宽敞的四合院，以获得更多的日照；而南方民居则更多采用天井式住宅，以利于遮阳通风。我国少雨的陕北地区，地形多高差、多黄土层，因此冬暖夏凉的窑洞是良好的居住形式；而西南地区潮湿多雨，利于竹子的生长，傣族竹楼也就应运而生了（图1-4）。

现代建筑在经历了千篇一律的国际化风格之后也在积极探索新乡土建筑和新地域建筑风格。从芬兰建筑师阿尔托的北欧地方主义建筑到印度建筑师柯里亚的经济型建筑、从马来西亚杨经文的生态建筑到日本安藤忠雄的静谧空间，都在追求建筑艺术的民族性和地域性中，实现了建筑艺术的升华。

（五）历史性和时代性——建筑作为文化的载体，铭刻历史

建筑是社会文化的物质载体之一，建筑历史总是与人类的历史发展同步，建筑艺术是时代精

图1-4　千姿百态的中国民居建筑。左上：贵州侗族民居，左中：陕西米脂窑洞，左下：云南西双版纳傣族竹楼民居；右上：福建永定圆形土楼群，右中：晋中院落式民居，右下：西藏民居

神的反映。美国著名学者和通俗作家房龙在《人类的艺术》一书中指出："各种风格，不论建筑也好，音乐也好，绘画也好，都一定代表某一特定时代的思想和生活方式。"埃及金字塔以其巨大无比的体量象征奴隶主权力；哥特教堂高耸升腾的空间态势、神秘的光影变化，则充分表现出宗教力量在当时社会生活中至高无上的地位。时代性也是建筑发展的潜在动力。新技术、新材料、新工艺、新信息等的发展为建筑打上了时代的烙印。

时代不同，艺术也就不同。而在同一时代，不同艺术门类之间又彼此相通。比如，现代西方建筑强调体量对比，造型简洁，讲究空间结构，这和当时的抽象雕塑、绘画，以至文学、音乐是一致的（图1-5）。中国建筑也是如此。我们常说的汉魏质朴，隋唐豪放，两宋秀逸，明清典丽，这些风格不但概括了当时的建筑风格特征，也适用于概括绘画、诗词、书法和工艺美术。

图 1-5　左图为奥佩的雕塑《S》，右图为赫尔佐格和德梅隆设计的戈兹美术收藏馆。二者均表现了极少主义艺术的特征：直角、矩形、长方体，手法简约

（六）综合性——建筑是一个融合多种艺术的整体

古罗马建筑师维特鲁威把建筑中的诸多因素概括成为"适用、坚固、美观"三大要素。建筑的美观和建筑艺术的产生及审美是以适用、坚固、经济为基础和前提的。很难设想一座朝向不好，通风不良，格局混乱，结构不合理，楼梯、栏杆、过道、门窗等细部有悖人体工程的住宅会给人以舒适感。因此欣赏评价建筑，一定要注意它的实用功能。

建筑艺术的综合性还体现在它的包容性。建筑艺术的感染力主要来源于建筑环境、建筑群序列组织和建筑物本身的比例、尺度、韵律，但由于它本身是一种可以容纳别的东西的空间，所以也就能够将其他艺术品种容纳进去，加以配合，起到渲染加强艺术感染力的作用，有时还能起到突出建筑性格的画龙点睛的作用。雕塑、绘画（主要是壁画）、园艺、工艺美术、碑碣匾联、家具陈设等，以致音乐（教堂的钟声、琴声，宫殿坛庙的礼仪音乐）、园林的流水、鸟鸣等都能融合到建筑中，共同创造出特有的艺术形象。比如欧洲古典建筑的雕刻和壁画，就是当时建筑艺术必不可少的组成部分，如果去掉了它们，这些建筑也就黯然失色了（图1-6）。中国建筑以群体取胜，构成建筑独特的性格主要依靠序列组织的方式，但也往往依靠其他附属部分，如华表、狮象、灯炉、屏障、碑刻、幢幡、旗帜等（图1-7），表达思想内涵和象征意义。

图 1-6　罗马海神喷泉，以珀利宫侧立面为舞台背景庄严展开。建筑和雕塑不可思议而又奇妙非凡地结合在一起

图 1-7　江苏南京明孝陵神道，沿途布置门、柱、桥、兽和文臣武将，相当于宫前的仪仗和门阙，强化空间序列感

（七）象征性——建筑是以抽象的手法去暗示意义的艺术作品

黑格尔在他的名著《美学》中这样说过，“……建筑并不创造出本身就具有精神性和主体性的意义，而且本身也不能完全表现出这种精神意义的形象，而是创造出一种外在形状只能以象征方式去暗示意义的作品。所以这种建筑无论在内容上还是在表现方式上都是地道的象征型艺术”。

由于建筑的内容与形式相互适应的范围非常广阔，而且形式表现力很强，又有可以容纳其他艺术的特点，所以能够充分发挥出象征的力量。如果某种特定的形式，如造型、色彩、式样、附属艺术等与人们对某些事物的认识发生了对应联系，它的表现力即艺术感染力可以超过任何一种其他艺术。例如南京中山陵，整个墓区平面如钟形，取“木铎警世”“唤起民众，以建民国”之意。整个陵墓建筑都用青色的琉璃瓦，青色象征青天，青色琉璃瓦含有天下为公之意，以此来显示孙中山先生为国为民的博大胸怀（图1-8）。

图 1-8　南京中山陵

三、建筑体系

综观世界建筑作品，可以根据它们所属时代、地域、民族或宗教的不同，简言之就是文化背景的不同，划分出不同体系。概括而言，古代世界曾经有过大约七个主要的独立建筑体系，其中有些或早已中断，或流传不广，成就和影响也就相对有限，如古埃及、古代西亚、古代印度和古代美洲建筑等，只有中国建筑、欧洲建筑、伊斯兰建筑被认为是世界三大建筑体系。而又以中国建筑和欧洲建筑延续时间最长，流域最广，成就也最为辉煌。

（一）中国建筑艺术

中国建筑是世界建筑文化史上的一个独特体系，它是中华民族数千年来世代经验的积累，并对周边的国家和地区的建筑文化产生深远的影响。殷墟遗址考古证明，最迟在公元前15世纪，这个独特的建筑体系已经基本形成了，它的基本特征一直保留到了近代。

与世界其他所有建筑体系都以石或砖结构为主不同，中国建筑是唯一以木结构为主的体系，独具风姿。中国建筑特别重视群体组合之美，追求中和、平易、含蓄而深沉的美学精神。中国建筑基于与自然高度谐调的中国文化精神，崇尚“天人合一”的哲学思想，追求建筑与自然的有机结合。中国传统建筑以宫殿和都城规划的成就最高，突出了中国人皇权至上的政治伦理观，这种政治伦理观也影响了几乎所有的建筑类型，明显者如祭祀性建筑坛庙和帝王陵墓等。中国的佛教建筑在初期受到印度的影响，很快就开始了其中国化的过程，体现了中国人的审美观和文化性格，充满了宁静、平和而内向的氛围，与西方宗教建筑的外向、暴露、气氛动荡不安明显不同。与此同时，中国境内各少数民族的建筑也大大丰富了中国建筑的整体风貌，其中成就更大、特点更为鲜明的有藏族、维吾尔族、傣族和西南其他少数民族建筑等。这些民族的建筑艺术作品与汉族建筑艺术作品一起，共同成就了中华建筑的辉煌。

（二）欧洲建筑艺术

欧洲建筑是一种以石结构为主的建筑体系，兴起于公元前两三千年爱琴海地区和公元前1000年以来的古希腊，也融合了一些古埃及和古代西亚建筑的某些传统。从公元前2世纪罗马共和国盛期以后，欧洲建筑体系长期以意大利半岛为中心，流行于广大欧洲地区，以后又传到南北美洲。欧洲建筑以神庙或教堂为主，还有公共建筑、城堡、府邸、宫殿和园林。在长期发展过程中表现出风云激荡的多样面貌，新潮迭起，风格屡迁，虽带有继承性却仍表现出明显的断裂性。大致说来有古希腊、古罗马、拜占庭与俄罗斯、罗马风与哥特式、文艺复兴、巴洛克、古典主义和折衷主义等许多风格的相递出现。若以曲线表示，可以认为是一些时断时续的、颇有重叠的许多波状折线的不断涌现。

（三）伊斯兰建筑艺术

图1-9　泰姬陵是伊斯兰教建筑艺术杰作之一，素有印度的珍珠之称。建筑群布局对称、结构严谨，用半球顶寝宫打破正方形台基的单调，四周的尖塔分散了弧形天际线的沉重感，使建筑整体丰满、均衡、谐调。整座陵墓用纯白大理石砌成，装饰华丽细致

伊斯兰建筑体系主要流行于古代阿拉伯帝国和土耳其奥斯曼帝国的相关地区，以阿拉伯地区为中心，东至印度、中国，西至北非和西班牙，北边包括土耳其和东欧部分地区。它的建筑形式吸收了一些古代西亚建筑的因素，也有欧洲的影响，但作为一种建筑体系则产生于公元7世纪伊斯兰教出现以后。当它在14世纪末传入印度以后，基本中断了古印度的印度教和耆那教建筑传统。伊斯兰建筑以砖或石结构为主，主要建筑类型是清真寺、圣者陵墓、王宫和花园。在立方体上覆盖高穹隆，各种尖拱和广泛采用彩色琉璃面砖是它的几个显著形式特征（图1-9）。

本书将对中国建筑体系和欧洲建筑体系做重点评析。

第二部分 如何欣赏建筑艺术

我们可以不看绘画，不理芭蕾，也不读诗歌，但是建筑是不可避免的艺术。它不仅散布在大地上，而且还要待上很长的一段时间。我们不但常常看到它，甚至使用它。

——史坦利·亚伯克隆比（Stanley Abercrombie）

建筑艺术是一个多义词，它既指作为艺术门类之一的建筑本身，也指它们的艺术形式、艺术语言和艺术手段。作为一种艺术门类，建筑艺术既具有艺术的基本共性，如其形象具有艺术感染力、反映社会生活特点、具有鲜明的艺术风格等。但从第一部分论述可以看出，“建筑”是一个复杂的物体，因而建筑艺术也表现出强烈的特性，千变万化，错综复杂。在表现性和抽象性方面它类似音乐；在视觉层面上又与绘画、雕塑相关联，属于造型艺术；同时又是一个时间与空间的艺术。因此可以说，建筑艺术是一门独特的艺术，要用不同于绘画和雕塑的审美眼光去欣赏它。

一、建筑艺术的语言

了解建筑艺术的语言是欣赏建筑艺术的前提。下面从空间、造型、体量、质感与肌理、色彩、光与影、细部、群体八个方面来解析建筑艺术语言的特征。

（一）空间

营造空间是建筑的根本目的，建筑艺术也就是在营造建筑空间时所形成的艺术，建筑

图 2-1　西塔里埃森大起居室，粗砺倾斜的基墙、斜面屋顶、红木构架、粗纹地毯、沙漠植物赋予了空间自然质朴、粗犷豪放的个性

图 2-2　精心设计的建筑外部空间

图 2-3　今日美术馆入口外观，金属棚架和坡面构成的灰空间

空间是建筑艺术的载体，也是建筑艺术的主角。

建筑空间可以分为两大类型，即内部空间（室内空间）和外部空间（室外空间）。内部空间主要是指由建筑实体围合起来的室内空间，这里是建筑艺术的精华之所在，通过空间的形态与尺度、变化与分割、采光方式与光影处理、围合空间实体的装修与空间中的家具和艺术品的陈设等手段得以表现（图2-1）。而外部空间主要是由建筑与建筑之间、建筑与市政设施之间以及建筑与自然元素之间构成的空间，如城市广场、街道空间、庭院空间、各类群体建筑的外部空间等，这些外部空间经过精心设计，也可以成为具有无限魅力的建筑艺术作品（图2-2）。而由内部空间和外部空间相互延伸、交汇、融合所形成的空间，称之为灰空间，如檐下空间、廊下空间（图2-3）。

空间的形状、大小、方向、开敞或封闭、明亮或黑暗，都可以对人的情绪产生直接的影响，例如狭长而高耸的哥特式教堂中殿，引起人们联想到上帝的崇高，人类的渺小；开阔的、宏大的天安门广场令人感到雄伟豪迈，这就是空间艺术的感染力。如果把室外和室内许多不同性格的空间按照一定的艺术构思串联起来，互相渗透交融，再加上建筑实体的不同处理，人们行走其中，就会引发一系列心理情绪的变化。建筑艺术家就好像是一场戏剧的导演，安排整场戏剧的开头、引导、高潮、延续和尾声。观众则通过感情记忆和感情沉积，完成艺术体验的全过程。

（二）造型

造型是建筑艺术的核心之一，是人们感受建筑的第一印象。建筑造型作为一个巨大的物质实体，给人以强烈的直观感受，对人的精神感受上产生的影响尤为深刻。纵观世界建筑历史，建筑的造型可谓千姿百态。有些建筑就几乎是完全依靠体形来显示性格的，如古埃及金字塔，就是一个简简单单的正四棱锥体，没有任何面的划分，却给人以深刻印象；而有些建筑则通过多种形体组合处理塑造动人的形象（图2-4）。

建筑的造型不仅仅是一个二度空间的正面体，而是三度空间；如果构成了序列，就又渗入了第四度的时间因素，所以一切优秀建筑的造型美都综合了各种形式法则。建筑师在处理

图2-4　包赞巴克设计的巴黎音乐城，形式各异的体块交错组合出复杂的建筑造型

图2-5　杨经文自宅外观

图2-6　形似飞鸟的里昂国际机场

建筑的形体时往往有很大的发挥空间，但也并非可以随心所欲。制约建筑造型的因素有很多，建筑功能与性质、建筑物所处的地形环境、建造技术与材料、社会文化与审美倾向、建筑师运用造型语言和形式法则的能力等都会对建筑造型产生影响，同时也会成为创造成功作品的契机和灵感来源。例如，马来西亚杰出建筑师杨经文（Ken Yeang）的自宅，独特的建筑造型是基于降低建筑能耗的设计理念和节能技术（图2-5）；而西班牙著名建筑师圣地亚哥·卡拉特拉瓦（Santiago Calatrava）则从生物骨骼等形态来源中得到启发，寻找独特的建筑结构方式，挖掘混凝土的表现力，创造出富有诗意的建筑造型艺术（图2-6、图2-7）。

图2-7　里昂国际机场内部空间与屋顶结构造型

（三）体量

相对于所有人类产品包括各种艺术产品而言，无可比拟的巨大体量是建筑的一个显著特点。很难想象如果没有适当的体量，建筑还会有什么表现力。古人从自然界的崇山大河、高树巨石中体验到超人的体量含蕴的崇高，从雷霆闪电、狂涛流火中感受到了自然界

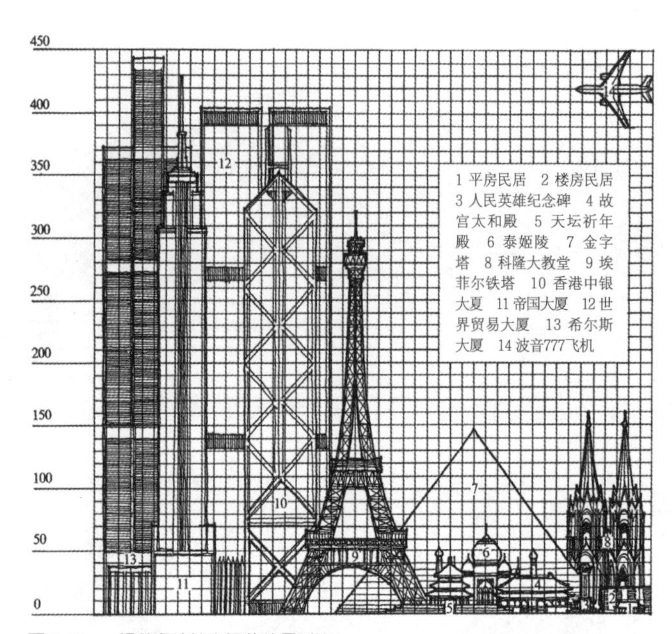

图 2-8 一组著名建筑之间的体量对比

力量隐藏的恐惧，把这些体验移植到建筑中，巨大的体量就转化成了尊严和巍峨。金字塔高达数十米至一百多米，巨大的物质堆造成了一种咄咄逼人的气势。马克思曾说过，精神在物质的重量下感到压抑，而压抑正是崇拜的起始点。如果没有这么巨大的体量，它们将被湮没在沙漠旷野之中，只是一堆堆不引人注目的小石丘而已。欧洲的石头教堂也都十分巨大，远远超出了物质功能的实际需要，显示了人对上帝的无限崇拜，是人类创造的伟大奇迹。建筑的这种不可忽视的巨大物质感，使它一经建成就长久存在，在空间和时间的坐标系中岿然不动，强迫人们接受。但必须强调，体量之大并不具有绝对的意义，体量的适宜才是最重要的，不同性质和特性的建筑应当有不同规模的体量（图2-8）。中国古代建筑的体量相对来说都不太大，强调向水平方向伸展，与人的尺度对比不太悬殊的建筑体量使人很容易衡量和理解，显示出中国哲学的理性精神与人文特性。至于园林和住宅，更是着意于追求小体量带来的优雅、亲切与平易的风格。

（四）质感与肌理

质感可被理解为人对不同材料的使用感受。材料手感的软硬细糙，光感的浓暗鲜晦……这些特点调动起人们的视觉、触觉等感知过程。这种感知过程直接引起人们对物质材料的雄健、纤弱、坚韧、温柔、光明等的形态心理。当代建筑很重视建筑物质的美学，混凝土也好，金属表面也好，玻璃也好，都可以向人们传达出质朴的美感和丰富的艺术语汇（图2-9、图2-10）。

建筑艺术中的肌理有两方面的含义：分别指材料本身的自然纹理和人工制造过程中产生的工艺肌理，它使质感增加了装饰美的效果。我们可以把“肌”理解为原始材料的质地，把“理”理解为纹理起伏的编排。比如一张白纸可折出不同的起伏状态，花岗石可磨制为镜面状态，虽然材质并无变化，但肌理形态却有了较大的改观。可见在设计中对“肌”主要是选择问

图 2-9 长城脚下公社——竹屋，传统材料与现代设计手法的完美结合，建筑与环境有机融合

图2-10　中国银行大厦，银色镀膜玻璃使大厦具备一种典雅的东方神韵

图2-11　柏林波茨坦广场的德比斯大楼外墙干挂陶土板和百叶形成的水平条纹肌理，形成统一的立面形象

题，而对“理”却有更多的设计可能。有些建筑就是通过追求一种材料或几种材料肌理的细微变化，使统一、和谐的形式富于变化，充满情趣（图2-11）；也有些作品则通过肌理上的对比与反差，与环境中其他要素形成对比和视觉上的冲击力，使之成为空间的中心或重点。

图2-12　美国霍顿广场，色彩鲜艳、造型丰富的建筑渲染了欢快轻松的商业休闲气氛

（五）色彩

色彩是最直接、最敏感的艺术语汇。建筑色彩的形成来自两个方面：一方面是自然的；另一方面是人工的。所谓自然的，是说我们看到的建筑物色彩是所用材料的自然本色，比如黏土砖、石材、原木等材料的色彩表达出的是含蓄、谐调的气氛。所谓人工的，是说我们看到的建筑物色彩是相关材料经复合（或加入颜料）、加工后的饰面材料的色彩（如油漆、涂料、抹面、面砖、钢板合金板等）。建筑的色彩语汇应该和建筑的功能特点、建筑的性格以及建筑的文化精神内涵相吻合。比如图书馆、博物馆建筑适宜采用比较稳重、成熟、单纯的色彩语汇，如灰色、古铜色、土黄色等色彩系列；居住建筑适宜采用温馨、典雅、文静、清淡的色彩系列；而商业建筑则可以采用相对热烈、丰富多彩的色彩语言（图2-12）。建筑的色彩还反映出地域文化特点、民族性格等人文内涵。例如，中国传统建筑的色彩反映了严格的社会等级制度，宫殿建筑运用浓烈绚丽的色彩来显示皇家建筑的宏伟和富贵，而民居只能用灰、黑等素色。

（六）光与影

艺术存在于光影之中，没有光影就没有艺术，造型艺术是如此，建筑艺术更是如此。

图 2-13 亚特兰大高级美术馆，造型复杂多变，光影明暗，层次丰富

图 2-14 北京中国大剧院水下廊道，阳光透过湖水和玻璃天花板，在地板和墙面上投下波光粼粼的动态光影

勒·柯布西耶在他的《走向新建筑》中说道："建筑是对在阳光下的各种体量做精练的、正确的和卓越的处理。我们的眼睛天生就是为观看光照中的形象而构成的。光与影烘托出形象……"

光是一种建筑语言。在物理意义上，光给建筑带来明亮、舒适感；在空间意义上，光是建筑空间的灵魂。美国建筑大师路易·康把光作为一砖一瓦来使用，他说："设计空间就是设计光亮。"英国著名建筑师罗杰斯也曾说："建筑是捕捉光的容器，就如同乐器如何捕捉音乐一样，光需要可使其展示的建筑。"在艺术意义上光提升了建筑感染力，利用光可以创造不同的艺术氛围。哥特教堂的彩色玻璃窗设计就是运用光渲染宗教气氛的成功范例，而现代建筑在阳光下的表现更是越来越多样。阳光与建筑结合的设计正被越来越多的设计者所青睐，光与影已形成独特的视觉语言，呈现出丰富多彩的艺术表情（图2-13、图2-14）。

（七）细部

建筑细部是建筑艺术最直接的表达语言，是建筑风格最直接的标志，因此我们可以认为建筑细部是建筑艺术的灵魂所在。著名的现代主义建筑大师密斯曾经说："上帝在建筑细部之中。"

建筑细部并非专指某个部位，一般来说，它是指在科学地处理建筑物质技术要求时，表现了建筑形式（包括室内）各个关键部位的特点，并经过刻意加工的部位。所谓的关键部位主要是指建筑造型中不同方位、不同维度、不同形态、不同材料构件的交接部位，对这些部位的加工（包括装饰）就是建筑细部处理。比如在设计建筑门窗洞口时，对窗的形状、窗台的处理、窗沿的形式、门洞口的形式进行推敲就是细部设计。建筑细部可以表现当今的建筑技术，同时也能反映建筑的工艺水平，还能够表现出建筑文化的一些特征。对建筑细部的玩味和体会也可以帮助我们更好地品味建筑艺术的魅力（图 2-15）。

（八）群体

建筑常常不是单幢出现而是组合成群的，群体的组合也需符合美的规律。中国古代建筑

图2-15　德国柏林GSW大楼东侧的双层幕墙细部，色彩鲜艳的折叠穿孔铝板悬挂在金属框架上，凸显技术之美

图2-16　巴塞罗那中世纪老城格局，规则的建筑群落与严整的街道空间构成壮观的城市风貌

群体组合常采取院落方式，扩而大之，村镇和城市是更大范围的建筑群体组合。建筑的群体组合使它具有一种远远超过其他造型艺术的结构复杂性，这本身在艺术上就很有意义。如果这个复杂性不是多余的和杂乱的，而是通过群体的内容与形式的和谐，通过各种造型手段有机组织起来的，它就会拥有某种结构简单的艺术品不大可能拥有的深刻性，使人们仅凭着对这个复杂结构本身的“领悟”，就可以产生深刻的心理效应（图2-16）。例如，整个一座北京城就是一个高度有机组合的群体，表现了中国封建社会一整套社会和自然观念：故宫位居轴线中段，前有长段铺垫，后有气势的收束；太庙、社稷坛分列皇宫左右，显示族权和神权对皇权的拱卫；城外四面分设天、地、日、月四坛，与高大的城墙城楼一起，成为皇宫的呼应；大片低矮的民居则是陪衬，全体一气呵成，强烈显示出中国古代以皇权为中心的向心意识。这样的艺术效果，只有依托群体的复杂组织才能实现。

二、建筑艺术的审美观念

我们对建筑艺术的欣赏是一种审美活动，那么什么样的建筑是美的呢？不同历史时期、不同地域文化背景下人们对建筑美的认知和评判标准是不同的。

（一）形式美的法则

传统建筑美学认为“和谐”是建筑美的本体。这种和谐主要是指“形式”或“数理”方面的和谐。如西方古典形式美学讲究比例协调、尺度适宜；中国的古典建筑讲究均衡对称，这些都体现了和谐统一的美学原则。

现代主义建筑美学则将关注点从建筑的形式转移到建筑的功能，将功能作为形式塑造的逻辑起点，认为建筑美来自于功能与形式的和谐统一。现代主义建筑喜欢运用简单、线性、单一的几何形体，如立方体、圆柱体等，它依据的是以欧几里德几何学为基础的中心性、完整形态的审美取向。

无论是古典建筑的装饰化造型，还是现代建筑注重空间品质的几何抽象化造型，其建

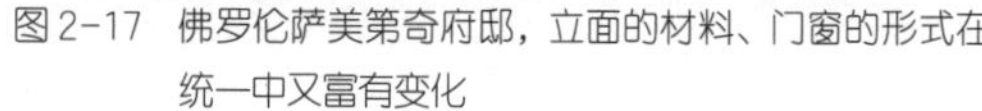

图2-17　佛罗伦萨美第奇府邸，立面的材料、门窗的形式在统一中又富有变化

图2-18　林肯纪念堂，对称的手法同样运用在建筑外部的广场景观设计中，烘托了庄严肃穆的气氛

筑创作理念都是以创造形式为中心的，也都遵循了形式美的法则。因此理解形式美的法则，有助于我们更好地欣赏建筑艺术。

那么什么是建筑形式美的法则呢？我们都知道，绘画通过颜色和线条表现形象，音乐通过音阶和旋律表现形象，而建筑艺术的形象则生成在它的构成要素及其组合之中。建筑物是由墙、屋顶、门、窗、台阶等各种组成要素构成的。这些构成要素具有一定的形状、大小、色彩和质感，而形状（及其大小）又可以抽象成点、线、面、体（及其度量），建筑形式美法则就是表述了这些点、线、面、体及色彩和质感的普遍组合规律。建筑形式美法则可以包括以下几个方面。

1. 统一与变化

统一与变化是形式美的主要关系。任何造型艺术，都由若干部分组成，这些部分既存在区别，又相互联系，只有把这些部分按一定的规律有机地组合成为一个整体，才能具有艺术感染力。统一意味着部分与部分和部分与整体之间的和谐关系；变化则表明其间的差异。统一应该是整体的统一，变化应该是在统一的前提下的有秩序的变化，变化是局部的（图2-17）。过于统一易使整体单调乏味、缺乏表情，变化过多则易使整体杂乱无章，无法把握。

2. 均衡与稳定

均衡是部分与部分或部分与整体之间所取得的视觉力的平衡，有对称均衡和不对称均衡两种形式。

对称的形式自然就是均衡的，加之它本身又体现出一种严格的制约关系，因而具有完整的统一性及规整、庄严、宁静、单纯等特点。人类很早就把这种形式运用到建筑和环境设计中，古今中外有无数的著名建筑都是通过对称的形式来获得其均衡与稳定的审美追求和严谨工整的环境气氛的（图2-18）。当然，过分强调对称会产生呆板、压抑、牵强、造作的感觉。

现代建筑的功能日趋综合化和复杂化，因此不对称的均衡法则在现代建筑和环境设计

图 2-19　罗马千禧教堂，动态平衡的构图形式赋予了教堂建筑新的面貌

图 2-20　上海 2010 世博会中国馆

中使用更为普遍。不对称平衡没有明显的对称轴和对称中心，但具有相对稳定的构图重心，形式自由、多样，构图活泼、富于变化，具有动态感（图2-19）。

同均衡相联系的是稳定。如果说均衡着重处理建筑构图中各要素左右或前后之间的轻重关系，那么稳定则着重考虑建筑整体上下之间的轻重关系。西方古典建筑几乎总是把下大上小、下重上轻、下实上虚奉为求得稳定的金科玉律。随着工程技术的进步，现代建筑师则不受这些约束，创造出许多同上述原则相对立的新的建筑形式（图2-20）。

3. 韵律与节奏

韵律与节奏原是音乐中的术语，后被引申到造型艺术中来表示以条理性、重复性和连续性为特征的美的形式。它表现为一种秩序，这种有序的形态在自然界中随处可见，如远山轮廓线的延绵起伏、大海中的层层波涛等。

重复是获得节奏的重要手段，简单的重复单纯、平稳，复杂的、多层面的重复中各种节奏交织在一起，凸显起伏、动感，构图丰富，但应使各种节奏统一于整体节奏之中。在建筑艺术中，韵律可以通过元素重复、渐变等形式体现在立面构图、装饰和室内细部处理等方面，也可以通过空间的大小、宽窄、纵横、高低等变化体现在空间序列中。韵律美在建筑环境中的体现极为广泛，不论是东方或西方，不论是古代或现代，我们都能找到富有韵律美和节奏感的建筑。过去有人把建筑比作“凝固的音乐”，其道理正在于此（图 2-21）。

4. 对比和相似

建筑要素之间存在着差异，对比是显著的差异，相似则是细微的差异。就形式美而言，两者都不可或缺。对比可以借相互烘托陪衬求得变化，相似则借彼此之间的谐调和连续性以求调和。没有对比会产生单调，而过分强调对比以致失掉了连续性又会造成杂乱。只有把这两者巧妙地结合起来，才能达到既有变化又谐调一致。对比在建筑构图中主要体现在不同体量（多少、大小、长短、宽窄、厚薄）、不同形状（曲直、钝锐、线面体）、不同方向（纵横、高低、左右）、不同色彩（黑白、明暗、冷暖）和不同质感（光滑与粗糙、软硬、轻重、疏密）之间（图 2-22）。例如西方古典建筑中的拱柱式结构，中国古代建筑屋顶的曲折变化都是运用直曲对比变化的范例。现代建筑运用直曲对比的成功例子也很多，特别

图2-21 墨西哥驻德国大使馆，入口立面混凝土条形构件的排列形式既考虑了遮阳效果，又形成富有韵律感的造型

图2-22 柏林舒泽大街综合楼，不同历史时期的建筑立面形式之间对比与相似关系

是采用壳体或悬索结构的建筑，可利用直曲之间的对比加强建筑的表现力（图2-23）。

5. 比例与尺度

比例，含有“比较”“比率”的意思，在建筑设计中，是指构成整体的部分与整体之间具有尺度、体量的数量关系。在古希腊，就有人发现了黄金比，他们认为这是最佳比例关系。黄金比又称黄金分割率，即把一线段分为长与短两部分，使长的部分与短的部分之比等于整个长度与较长部分之比（图2-24）。如果把这种长短的比例关系应用到造型中去，就是一种美的形式。许多优秀建筑作品空间分割的关系、色彩面积比例、门窗与墙面的虚实比例都遵循这一比例关系（图2-25）。

尺度是指人与他物之间所形成的大小关系，由此而形成的一种大小感。一个好的建筑作品要有好的尺度。不同的建筑有不同用途的空间，这就决定了尺度关系的类型也是多种多样的。人是建筑艺术的真正尺度，即“人体尺度”（图2-26）。建筑师通过人体尺度确立建筑的整体尺寸，使人获得对建筑艺术整体尺度的感受，或亲切宜人，或高大宏伟。

图2-23 杜勒斯机场轻灵飘逸的造型

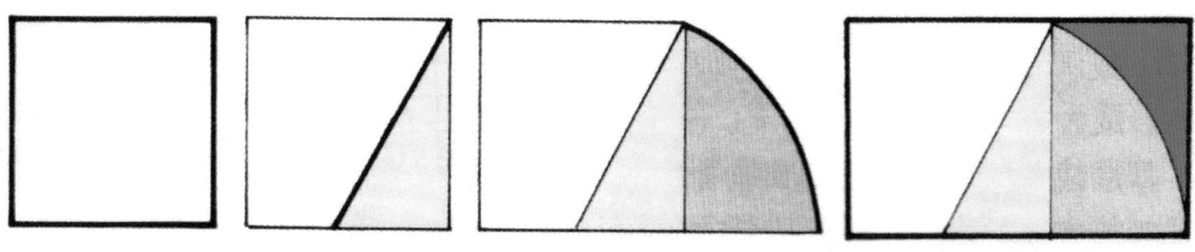

左至右：方形；底边中点和对角连线；将此斜线旋转；黄金矩形短边比长边是2：（1＋$\sqrt{5}$）。

图2-24　黄金分割

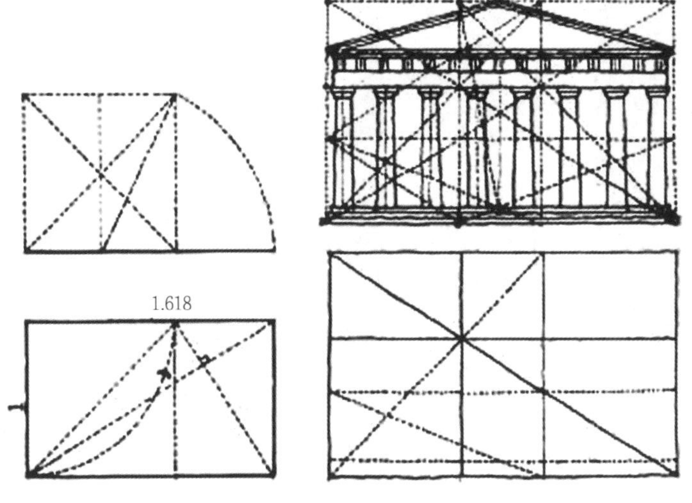

图2-25　帕提侬神庙是按照黄金分割率建造的经典建筑

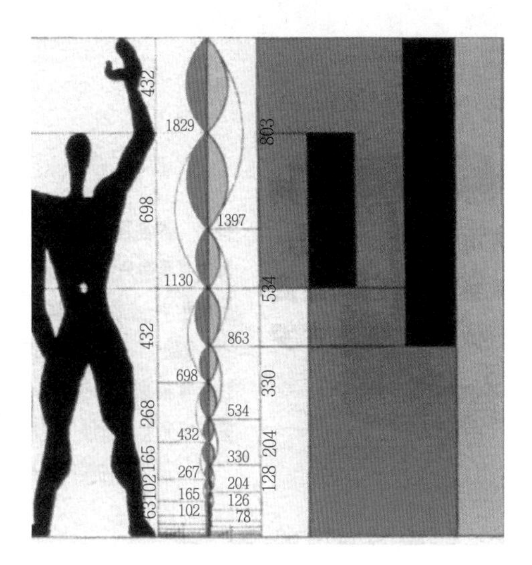

图2-26　勒·柯布西耶的模数人用头或脚的长度作为一个模数表示人体各个比例。这种观点贯穿建筑的发展历史，成为一个重要的思想

6. 渗透与序列

渗透与序列是应用在建筑空间组织中的形式美法则。

渗透是指室内与室外空间、室内各部分空间彼此间相互连通、贯穿、渗透，呈现出极其丰富的层次变化。如中国古典园林中的借景就是一种空间的渗透。通过在建筑朝向景观的立面上开设门、窗、洞口，将彼处的景物引到此处来，从而获得层次丰富的景观效果（图2-27）。而近代建筑结构技术的进步和新材料的不断出现，特别是框架结构取代了砖石结构，为自由灵活地分隔空间创造了条件，从而使空间自由灵活“分隔”的概念代替了传统中把若干个六面体空间连成整体的“组合”概念。建筑师不仅考虑到同一层内若干空间的相互渗透，还可以通过楼梯、夹层的处理，形成上下多层空间的相互穿插渗透，以丰富层次变化（图2-28）。

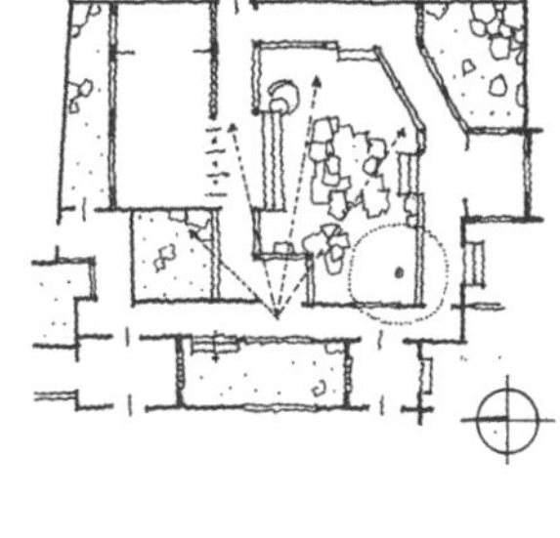

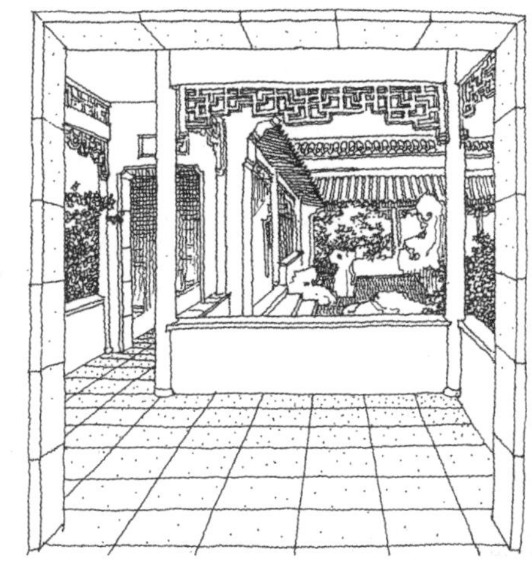

图2-27　留园石林小院，若干空间相互渗透，使狭小的庭院层次变化丰富，有深邃曲折不可穷尽之感

图2-28　国外某住宅空间，运用挑高空间、开敞的界面使室内外空间在水平方向和垂直方向相互穿插渗透，极富现代感

图2-29　沿纵深方向展开的城市空间序列。从A到H点的行进过程中，空间的开合、明暗和构图形成了变化丰富而又连续的画面

空间序列是指建筑空间的组织方式。就是要综合运用对比、过渡、衔接、引导等一系列手法，把单个的、独立的空间组织成一个有秩序、有变化、统一完整的空间群。在这个过程中要把空间的排列和时间的先后两种因素考虑进去， 使人们不但在静止的情况下，而且在行进中都能获得良好的观赏效果，特别是沿着一定的路线行进，能感受到空间既和谐一致，又富于变化（图2-29）。空间系列一般有两种形式，对称、规整的空间系列给人庄严肃穆之感，不对称、不规整的空间系列则活泼而富有情趣。

（二）当代建筑审美的多元化

20世纪60年代以后西方社会的思想、文化、经济、科技及艺术的蜕变、演进和发展表现在建筑艺术领域就是各种思潮、流派、主义争相登场。这其中诸多建筑作品的艺术观念突破了经典美学的范畴，在审美上表现出多元化的特点。它既包括传统建筑美学观念，也包括反形式美学、地域性建筑美学、高技术建筑美学及解构主义建筑美学等内容。如果说，在新现代主义、新古典主义、新地域主义建筑中我们还可以找到合乎传统建筑美学的和谐美或感性美的话，那么在解构主义建筑、智能建筑、参数化建筑中则很难能找到同样的视觉美感（图2-30～图2-32）。因为前者更关注形式的观感，更贴近传统建筑美学；而后者则极少关注形式的推敲，更贴近技术美学。

因此，对当代建筑艺术的欣赏应当首先了解不同流派建筑美学观念的形成过程和基本特点，运用当代建筑美学思维去体验和领悟形态各异的建筑作品中所蕴含的思想意义和艺术价值。这部分内容将在本书第六部分中做具体介绍。

图 2-30　蓝天组设计的釜山电影中心，将各种体量和造型的建筑体块穿插组合在一个巨大 LED 天幕顶棚下，形态复杂多元，变幻莫测，完全颠覆了经典建筑美学稳定、秩序、整体统一的构图原则

图 2-31　哥本哈根音乐厅，外立面被透明蓝色玻璃幕墙包裹。白天，室内空间在透明的建筑外墙面上若隐若现；夜间，建筑的表皮上投射出变幻的光影和影像。虚拟的空间美学取代了实体的空间美学，整个建筑传达的是一种充满幻象的影像艺术

图 2-32　Son-O-House 是一个互动式声音建筑，传感器捕捉室内活动的声音，存储在数据库中并不断组合成新的乐曲，人与建筑产生了互动。建筑师在数字技术协助下将声音、人的活动等非形式内容构建在建筑中并生成了非线性的建筑形态

三、建筑艺术的欣赏方法

任何艺术品都是由表层和内层构成的，都是“意象”的物态化，是有“意味”的形式，建筑艺术同样如此。

建筑物首先呈现在人们面前的是它的外部形象，比如建筑的外轮廓、建筑的各个部分及细部装饰。良好的建筑形象首先应当是美观的，一般应当是符合形式美法则的。同时建筑还涉及文化传统、民族风格、社会思想意识等多方面的深层意蕴。因此人们在欣赏建筑作品的时候，不但要看到建筑外部的“形”，还要领略到蕴含在建筑中的“意”，即意象。要根据建筑艺术自身的特点，通过感受建筑艺术的形式美，既把握建筑艺术的形象，又感悟出它的内在意蕴，从中获得审美愉悦。

欣赏一个建筑艺术作品，可以从以下几个方面入手。

1. 建筑单体欣赏与环境欣赏相结合

对建筑艺术的欣赏离不开特定的外部空间环境。建筑的艺术形象应和它周围的环境融为一体，有许多建筑还必须依靠特定的环境才能形成富有个性的形象。戏曲换个剧场，舞蹈换个舞台，绘画换个展室，对它们本身都不会产生多少影响，但建筑换了环境，就会失去或改变其原有的艺术价值。比如埃及的金字塔，必须是放在广阔无垠的沙漠中，才能显示出永恒感，如果搬到了中国的江南水乡，效果便立刻改变。欧洲的哥特教堂，必须是处在中世纪狭窄曲折的街巷中，或古城堡的顶上，才能充分显示飞腾向上的气势，如果放到纽约摩天大楼中间，就变成小玩意儿了。峨眉、九华、青城、武当等名山古刹，必须在峰回路转、青松翠竹的掩映下，才显得幽雅清静，若把它们中的任何一座搬到现代城市中，就失去了原有的韵味。北京的人民大会堂和历史博物馆，孤立地看，无论是柱子、屋檐、窗户等，几乎每个构件都超出了常见的尺度，显得笨重不堪，但放在巨大的天安门广场上，就很恰当，一点也不显得大了。

2. 局部审美与整体审美相结合

建筑艺术的形象一般由建筑物的体块组合、比例关系、结构形式、空间组织等构成。建筑的外部装饰常有柱头、飞檐、贴脸、雕塑、图案和壁画等，这些装饰因素是建筑形象的有机组成部分，它们应该与建筑形象保持内在一致，从造型和色彩上丰富和发展建筑的艺术构思，使建筑形象锦上添花，增加艺术感染力。因此，欣赏建筑艺术不仅要对建筑艺术的局部构成进行审美，而且还应该把局部的艺术构成纳入整个建筑艺术中，从整体的审美知觉中感悟建筑艺术的美。既要欣赏建筑色调、尺度、比例、景观及空间变化，看其是否符合美的规律，又要注意具体的建筑构成要素是否实现优化组合、建筑的整体是否和谐统一，进而把该建筑纳入建筑群的总体风貌中加以欣赏。

3. 静态欣赏与动态欣赏相结合

静态欣赏是指欣赏者在特定的欣赏点上对建筑物的观赏，动态欣赏是指欣赏者按照欣赏需要，在一定的观赏路线上对建筑物的观赏。在欣赏中，应该把静态欣赏与动态欣赏有机地结合起来，做到静中有动、动中有静。随着欣赏路线的流动，欣赏者的大脑中就会出现一幅幅具体可感而又各不相同的建筑形象画面，即根据不同的建筑形象，感受到建筑形象的空间序列。同时，由于欣赏者视点的高低、视角的仰俯、视野的大小、视觉的转换等是不断流动变化的，其心理状况、情绪也会随之产生变化，从而完成一次全方位的建筑体验。

4. 感悟建筑形象的象征意义

建筑艺术通常借助象征意义来体现其审美意蕴，这也是建筑美学的一个重要命题。象征意义首先是最初的象征性，即建筑艺术在物化成特定的建筑物时就已经具有的象征意义。如北京故宫的对称和谐、层次分明、主要建筑位居中央，显现出封建时代帝王对国家的主宰以及封建制度的“宝塔”结构；我国秦朝修建的万里长城，当时象征着秦国的“大一统”。但是，随着社会历史实践的发展变化，建筑艺术又会产生出一些新的象征意义。现在，北京故宫已成为中外游客游览观光的审美对象，它既显现了我国古代建筑艺术的伟大成就，又是中华民族文明的象征。当我们现在登上万里长城，极目远眺，万里长城像一条巨龙在群山环抱中蜿蜒游动，气势宏伟辽阔。在我们的审美视野中，长城已不再是秦国“大一统”的象征，而是中华民族创造力量的象征，也是中华民族凝聚力的象征。

要感悟建筑形象的象征性，就必须了解建筑艺术创造的时代背景及其民族特点。北京故宫作为封建社会的产物，其结构上，从正阳门到景山，通过一系列错落有致，高低不同的空间处理，象征着皇权形象。北京天坛的设计具有明显的汉民族特点，象征着天帝的崇高神圣，表达出汉民族“天人合一”的思想意识。

在欣赏建筑艺术的象征性时，还可以结合心理美学的“移情说”，充分展开自己的审美想象，在感知建筑形象的同时，把建筑形象拟人化，赋予建筑艺术以新的生命，使本无生命的建筑有了人的性格、人的情感、人的生气。比如我们欣赏一座幽静别致的别墅，就会感受到它的幽雅婉静；欣赏那些高耸入云的建筑，会使我们产生向上飞腾的感觉；欣赏那些新颖奇特，色彩疏淡而简洁的建筑，则会使人感受到它的生机勃勃，潇洒飘逸；欣赏那些富有稳定感的建筑，就会使人产生端庄稳重的感觉。当然，欣赏建筑艺术时的移情，只能根据建筑艺术特质的规定性加以自然而又合情合理的想象，而不能胡思乱想，违背艺术欣赏规律。

总之，在欣赏建筑艺术的过程中，欣赏者应了解建筑艺术的一般特点，并具有较高的审美修养，充分调动自己的想象力、情感等因素，积极能动地进行审美，只有这样，才能更好地领略建筑艺术的美。

第三部分 中国传统建筑艺术赏析

中国建筑为东方独立系统，数千年来，继承演变，遍布广大的区域。虽然在思想及生活上，中国曾多次受外来异族的影响，发生很多变异，而中国建筑直至其成熟繁衍的后代，竟仍然保存着它固有的结构方法及布置规模；始终没有失掉它原始的面目，形成了一个极特殊、极长寿、极体面的建筑系统。

——林徽因

一、中国传统建筑的特点

1. 以木构架为主的结构方法

中国传统建筑的支撑体系是一套木骨架，先从地面立起木柱，在柱子上架设横向的梁枋，再在梁枋上铺设屋顶，所有房屋顶部的重量都由梁枋传到柱子，经过柱子传到地面。骨架承受房屋的重量，墙和屋瓦把骨架包裹起来，是房屋的“皮肤”。由于墙体不承重，因此在俗语中有“墙倒屋不塌”之说。常见的木构架主要有穿斗式和抬梁式两种（图3-1）。

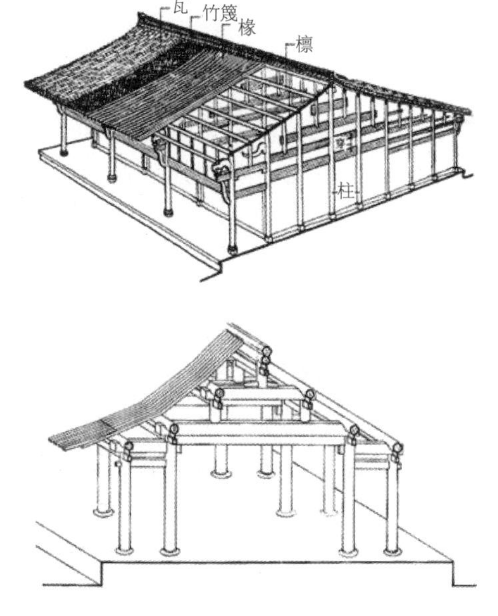

图3-1　穿斗式木结构和抬梁式木结构示意图

2. “三段式”的立面构图

中国传统建筑从下到上主要有三个组成部

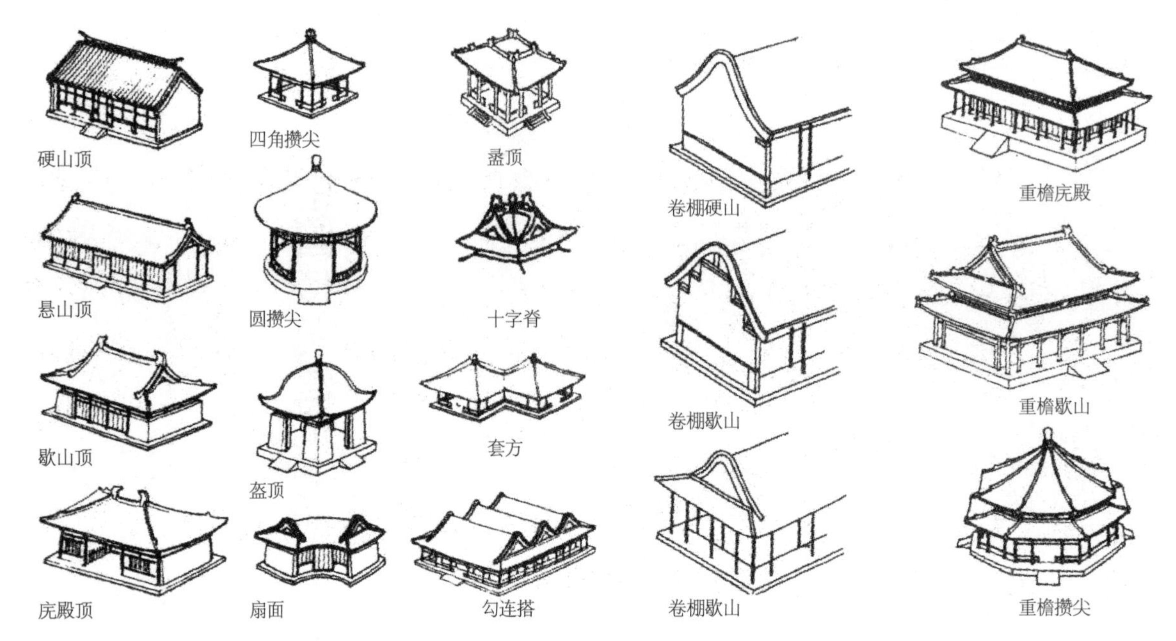

图3-2 大屋顶的各种形式

分：基座、屋身和屋顶。基座的作用是将建筑自地面上抬高，这样就能够阻隔来自地面的潮气腐蚀木质立柱的底部，基座的高度由农宅的半米到皇家宫殿的四五米不等。屋身由柱子、墙体构成。柱子是梁架结构的支撑部分，它并不直接固定在基座上，而是在柱脚和基座之间垫设石头或铜做的柱础，目的同样是保护木质柱子免受地下潮气的侵蚀。大屋顶是中国古代建筑特有的，也是最醒目、最显著、最优美的形态结构。由于采用木结构体系，木料层层叠加的屋顶部分在房屋总的结构形体中所占比例极大。房屋的面积越大，屋顶也就越大。硕大的屋顶，容易使人有笨重、压抑之感。而中国古建筑巧妙地解决了这一问题，把屋檐设计得两头高中间低，屋顶部分形成向外自然伸展的柔和的曲面。古代文人将它形容为“如鸟斯革，如翚斯飞”。展翅欲飞的屋顶也就成了中国古建筑最富情趣的部分（图3-2）。

3. 斗拱的结构性和装饰性

斗栱是中国木构架建筑特有的结构构件，主要由水平放置的方形斗、升和矩形的栱以及斜向的昂组成。它们均匀地分布在梁枋上，支挑着向外伸展的屋檐，并将大面积的荷载传递到柱子上。屋檐出挑越大，斗栱就越大。斗栱又有一定的装饰作用，是建筑屋顶和屋身立面上的过渡。另外，斗栱还是封建社会中森严等级制度的象征和重要建筑的尺度衡量标准（图3-3）。

4. 围绕院落布置的群体艺术

中国古代建筑除了木构架的结构体系以外的另一个重要特点就是建筑的群体性。以单栋房屋来看，它们的体形多为长方形，单纯而规整，体量也不大。但是中国的宫殿、府邸、寺庙和陵园却大都规模宏大，有的连绵数里、数十里，而这样大规模的建筑群都是由一栋栋的单体建筑按照院落的形式有机组合在一起的。院落，即由四栋房屋围合成院，也称为四合院（图3-4）。小到普通人家的住宅，大到紫禁城的皇宫内院，都是由四合院

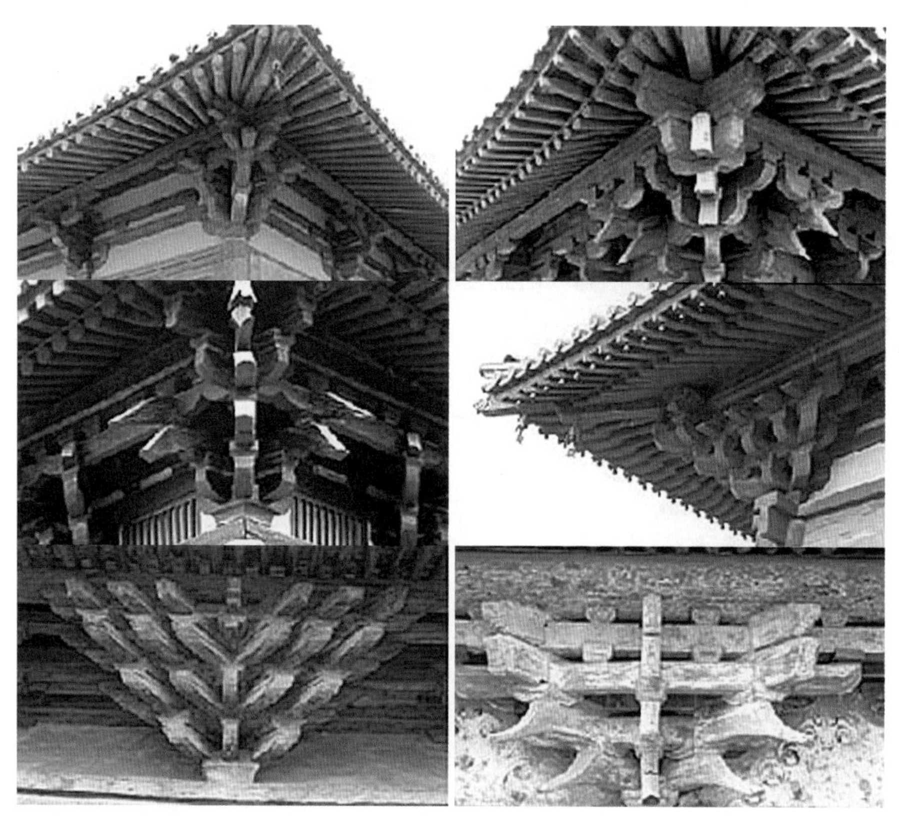

图3-3　几种不同时代的斗拱：唐、五代（上）、宋、辽（中）、金、元（下）

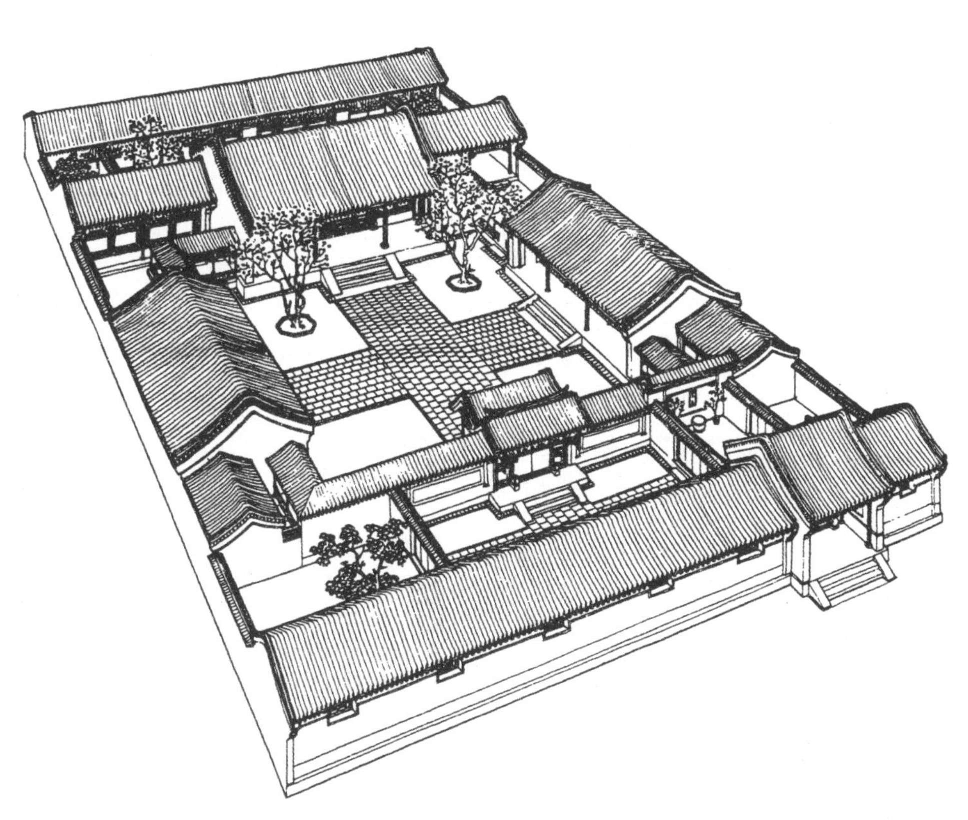

图3-4　北京四合院

组合起来的。院落可以说是中国古代建筑群的基本构成单位，是中国古建筑的基本形式，适用于各种类型的建筑群。

5. 重色彩的应用

中国古建筑从屋顶、墙壁、梁枋均配以重色，且有“雕梁画栋”之说，色彩应用十分讲究，有专门型制（图3-5）。

图3-5　清式金线大点金旋子彩画实例（西安鼓楼）

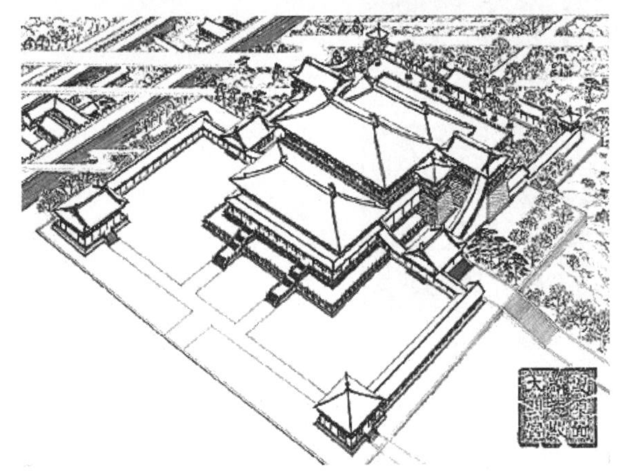

图3-6　大明宫麟德殿复原鸟瞰图，是迄今所见唐代建筑中形体组合最复杂的大建筑群

二、中国传统建筑艺术赏析

（一）“非壮丽无以重威”——宫殿建筑艺术赏析

宫殿建筑是中国发展最为成熟、成就最高，也是规模最大的建筑，鲜明反映了中国传统文化注重巩固社会政治秩序，特别强调统治者权威的特色。其规模之宏大、技艺之超绝、气势之壮丽，在中国所有传统建筑类型中都是首屈一指的，突出了中国人皇权至上的社会伦理观，给人以强烈的精神感染。宫殿建筑的艺术特征可以概括为以下几点。

1. 雄硕阔大的建筑空间

中国传统宫殿建筑在群体组合、横向铺排上崇尚阔大，组成宫殿建筑群的单体建筑的数量最多，主要宫殿建筑单体的形制也是最高的，充分表现出威严宏伟的帝王气势（图3-6）。

2. 等级分明的群体布局

宫殿建筑作为一种艺术形式，是服从于民族正统文化理念的。作为君王地位、身份与威严的物化象征，宫殿布局上强调所谓“中正无邪”即中轴对称的方式，严格按照中规中矩的等级形式铺排，宫殿里最尊贵的建筑总是放在中轴线上，较次要地放在两边，作为它的陪衬。

3. 以龙为主题的装饰元素和富丽堂皇的建筑装饰风格

封建社会时期，龙是帝王的象征，为体现这一主题，在宫殿建筑上均以龙作装饰。从建筑的屋顶台基到梁枋天花、立柱门窗，再到室内的家具陈设都可以看到形式各异的龙饰。同时，宫殿建筑的色彩、建筑彩画、雕刻、构件的美化等都显示出富丽堂皇的皇家气派。

代表作品：北京故宫

北京故宫（又称紫禁城）建于明永乐十八年，是世界上现存规模最宏大、规划最完整

图3-7　北京故宫鸟瞰图

的木结构建筑群。故宫的总平面呈长方形，南北长961米，东西宽753米，占地72公顷，拥有大小宫殿70余座，房屋8700余间，总建筑面积16万多平方米。故宫沿袭我国传统的“前朝后寝”的形制布局，其主要建筑分“外朝”和“内廷”两部分。“外朝”以太和殿、中和殿、保和殿三大殿为主体，“内廷”包括乾清宫、交泰殿、坤宁宫、东六宫、西六宫、御花园等，是皇帝处理日常政务和后妃居住的地方。全部建筑按中轴线对称布局，几十个院落纵横穿插有序，近万间房屋高低错落有致，整个空间序列主次分明、疏密相间，宛如一首凝固的交响乐，突出地显现了皇权至高无上的气势，表达了“非壮丽无以重威”这一皇宫建筑的传统美学思想（图3-7）。

图3-8　午门广场

午门作为宫城的正门，是进入太和门之前的一个高潮，其整体艺术形象极为壮丽。整座门楼呈门字形，下部为高10余米的城墙墩台。墩台正中辟三门，正面呈长方形，后面变为拱门，现出一定的变化节奏。城台上共建五楼，人称五凤楼，各楼均围以汉白玉栏杆。正中为主楼，面阔9间，重檐庑殿顶，制式仅次于太和殿。其余四楼皆为重檐攒尖顶，其中两座拱卫于主楼左右，另两座置于两翼伸出的墩台端部。主楼的左右还有钟鼓亭，每逢皇帝在太和殿主持大典时，钟鼓齐鸣，呈现出宏丽壮观的气势（图3-8）。

图3-9　太和殿

图3-10　太和殿内景

图3-11　太和殿前台基上的石嘉量铜鹤、铜龟

整个宫殿区乃至整个北京城的核心是太和殿广场，太和殿、中和殿、保和殿三大宫殿高踞于广场北部的三层汉白玉台基上。太和殿面阔11间，进深5间，建筑面积2377平方米，高26.92米，连同台基通高35.05米，为紫禁城内规模最大的殿宇。其上为重檐庑殿顶，屋脊两端安有高3.4米、重约4300千克的垂脊吻（图3-9），太和殿的装饰十分豪华。檐下布以密集的斗栱，室内外梁枋上饰以和玺彩画。门窗上部嵌有菱花格纹，下部浮雕云龙图案，接榫处安有镌刻龙纹的鎏金铜叶。殿内金砖铺地，明间设宝座，宝座两侧排列6根直径1米的沥粉贴金云龙图案的巨柱，所贴金箔采用深浅两种颜色，使图案突出鲜明（图3-10）。太和殿广场的风格内涵非常深沉丰富。大殿的巨大体量和层台形成的金字塔式的立体构图，以及金黄色琉璃瓦、红墙和白色台阶，使它显得异常庄重和稳定，是“礼”的体现。此外，在太和殿前面的台基上还设有铜龟、铜鹤、石嘉量和日晷，象征国家统一、江山永保和社会的长治久安（图3-11）。

图3-12 从景山俯瞰故宫

“前朝”以后，经过一座横向的乾清门广场的过渡或引导，即进入“后寝”。后寝规模远比前朝小，仅相当于前者的四分之一，规划和建筑形象与前朝相似，但殿堂的形制、庭院的大小、台基的高低都比“前朝”要低一等级，这是传统礼制的要求。

紫禁城的北门，称神武门，有高大的城楼。过门经护城河即达景山，神武门既是紫禁城的结束，又是整座宫城的背景，丰富了从宫城中能看到的天际线，提示宫城的规模，是宫城与宫外大环境的联系（图3-12）。

故宫的建筑色彩处理也体现出极高的艺术水平。华贵的金黄色琉璃瓦在沉实的暗红色墙面和纯净的白色石台石栏的衬托下闪闪发光，红色的门窗与青绿色的彩画形成强烈的对比，这些浓烈和绚丽的色彩完全显示了皇家宫殿的宏伟与富贵。

故宫精湛的设计和建造，凝聚了中国古代建筑艺术的最高成就，是我国也是世界木构宫殿建筑的伟大丰碑。

（二）“祭神如神在”——坛庙建筑艺术赏析

坛庙为中国古代的祭祀建筑。在众多的祭祀活动当中，最重要的祭祀有三种：祭天地、祭社稷和祭祖，均由历代帝王亲自参加。除此之外，还有祭孔子，祭五岳、五镇，祭历代名人等。

祭祀对象不同，祭祀方式也有所区别。一般来说祭祀祖先多在室内，称为“庙”，如太庙、孔庙、关帝庙等。也常称为祠，如司马迁祠、武侯祠，各地的先贤祠和家族祠堂。祭祀自然神的典礼多在露天一座高台上举行，称为“坛”，如天坛、地坛、日坛、月坛、社稷坛等。但有些自然神被更多拟人化，祭礼也常在室内，此时也被称为庙，如祭祀泰山的岱庙，祭祀嵩山的中岳庙等。这些坛和庙合起来就是“坛庙”，又称“礼制建筑”，是中国独有的

图3-13　广州陈家祠堂屋脊上的雕饰

一种建筑类型，既不同于宗教寺庙，也不同于常见的宫殿、住宅或园林。在建筑艺术方面，坛和庙也各有特色。

1. 坛被认为是一种准宗教建筑

通常位于郊外，远离城市喧闹，环境更为幽静，以便更加接近天体宇宙，增加肃穆崇敬之情。在建筑造型、建筑色彩、装饰及构件数量上，坛都应用了多种象征手法，以满足祭祀在精神和艺术上给人的需求。

2. 祖庙和祠堂则更多具有纪念堂的意义

祖庙是皇帝祭祀祖先的场所，而祠堂则是平民百姓祭祖的场所。两者建造上均采用四合院式布局，主要建筑位于中轴线上，等级分明。

3. 祠堂作为一个家族的中心和象征，其丰富的装饰显示出氏族的荣华与富贵

建筑室内外各个部位遍布装饰，装饰门类包括木雕、石雕、砖雕、灰塑、陶塑等，装饰题材从龙凤纹样、花鸟鱼虫到琴棋书画、神话故事等，虽不及宫殿讲究、精致和完美，但却更为多样而丰富（图3-13）。

图3-14　天坛的主要建筑由南而北排列在一条轴线上，近为圜丘，中为皇穹宇，远为祈年殿

代表作品一：天坛

天坛在北京外城南部，位于全城中轴线的东侧。它是明永乐十八年（1420 年）明成祖迁都北京时所建。总体上，天坛建筑群由内外两重围墙环绕，围墙平面接近正方形，为了附会“天圆地方”的古训，内外围墙的上方（北面）的两角砌成很大的圆弧形，而下方（南面）是直角。墙内，以南部祭天的圜丘和北部祈祷丰年的祈年殿两组建筑为主体，它们之间以长约 400 米、宽 30 米、高 4 米的砖砌大甬道——丹陛桥相连。墙内遍植松柏林，以烘托庄重肃穆的气氛（图 3-14）。

圜丘在天坛主轴线之南端，是一座高大圆形的带有围栏的三层石台。各层台的铺石、栏板、望柱和台阶等均为天数，即九或九的倍数，其排列也为“周天”三百六十度的天象。最上层的台面直径为九丈，其中心为一块圆石，圆石外第一圈用九块扇形青石环砌；第二圈用十八块扇形石环砌，依次增加，到最外的第九圈便递加至九九八十一块，这样就铺成了对缝极整齐，并带有一定韵律感的圆台面，将建筑的象征意味同艺术性完好地结合在了一起（图 3-15）。

轴线北端的祈年殿是一座圆形的三重檐大殿，平面直径约26米，它坐落在由汉白玉砌成的三层圆形台座上，台座高6米，使祈年殿高出附近的一切建筑和密林，给人以崇高庄严的观感。在立面造型上，祈年殿是中国古建筑中构图最完美、色彩最谐调的一座建筑。它的三层台基、柱身和其上的三重檐之间，有着极匀称的比例，而三层逐渐收进的檐口，又

图3-15　北京天坛圜丘，原为青色琉璃坛，乾隆时改为汉白玉坛

构成了非常优美的抛物线形的外轮廓。而其从下到上的色彩：汉白玉的台基、红色的柱、青绿冷色的檐下、蓝色闪亮的三重檐，完全符合美学上多样统一的艺术法则，而最高处金色宝顶的点缀又使整座建筑的视觉效果更加美轮美奂（图3-16）。这座大殿的内部设计，也有很强的象征意义：四根支托上层屋顶的龙井柱象征一年的四季；十二根支托中层屋檐的金柱象征十二个月；十二根支托下层屋檐的檐柱又象征一天的十二个时辰；金柱和檐柱共二十四根又意指一年的二十四个节气（图3-17、图3-18）。

天坛是世界级的艺术珍品，其艺术主题为赞颂至高无上的“天”，全部艺术手法都是为了渲染天的肃穆崇高。

图3-16　天坛祈年殿

图3-17　北京天坛祈年殿内部

图3-18　祈年殿内部藻井

代表作品二：山西太原晋祠圣母殿

太原晋祠圣母殿建于北宋天圣年间（1023～1031年）。大殿面阔7间，进深6间，重檐歇山顶，四周施围廊。这座殿堂的最大特点是前廊深有两间，为了扩大活动空间，建造时很巧妙地使用了减柱法，将廊内第二排柱抽去5根。殿内也同样使用减柱法，而成为无柱遮挡的大空间，这在古代木构建筑中是较少见的。殿前的8根檐柱上，各雕有一条盘龙，是中国现存木雕龙柱的最古者。殿身四周廊柱均向内倾斜，角柱也升高了。这些手法增强了殿宇的稳定性，使它经受住了多次地震而挺立至今，同时也形成了两重檐口曲线美丽的风姿（图3-19）。

一般祭祀建筑的正殿前均有较宽阔的月台，而圣母殿

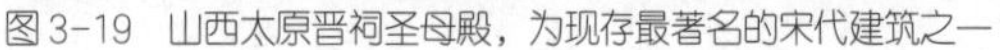

图3-19　山西太原晋祠圣母殿，为现存最著名的宋代建筑之一

图3-20　山西太原晋祠鱼沼飞梁

前正好是晋水源头，是晋祠精华所在，不能填土筑台，古代匠师便巧妙地利用水来烘托建筑，把前面的流水进一步疏通开阔，形成一个近乎方形的水池，称为鱼沼。池上架起一座十字相交的木构桥梁，这便是著名的飞梁。由圣母殿前廊下台阶三级，便是飞梁的主桥，桥面水平，跨水到彼岸，在池中有副桥由两侧慢慢斜上相接，主次甚为明显，这座飞梁实际上是架在明净水面上的月台。在方池四周和飞梁的正、副桥两侧均围以古朴的宋式勾栏，远远望去，整个桥面似乎在展翅起飞，十分轻巧秀丽。从总体上看，飞梁是大殿不可分割的一部分，通过它的引导和过渡，使体量较大的圣母殿与周围环境融合在一起，堪称祠庙中的杰作（图3-20）。

（三）“事死如事生”——陵寝建筑艺术赏析

中国古代陵寝建筑是建筑在灵魂不灭及先祖与天地崇拜的信仰基础上的，表现为“事死如事生”之礼，而集神权、族权和君权于一身的封建帝王的陵寝建筑就更为考究，在建筑形式中浸透着严格的封建政治等级观念。

1. “风水宝地”

中国古代陵墓十分重视葬地的环境条件，每每选择背山向阳、地下水位低的风景之地，能较充分地体现出古人“天人合一”的自然观，以及“人乃造物同体，要与天地并生”的宇宙意识。

在陵墓建筑艺术中天人合一的自然观念与“比德”的山水审美观念得到了谐调和统一。

2. 尚高、尚大、尚威的建筑形象

在外在形式上，中国古代帝王陵寝建筑具有尚高、尚大、尚威的特点。自春秋晚期开始在墓地上封土为丘的做法，身份地位越显贵，其坟封土越高。之后，历代帝王的坟墓都独得其高，并经历了由筑陵以象山到以山为陵和依山为陵的发展过程，借助山体的高大体现帝王的伟大。

古代帝王陵寝分地上地下两部分。地上部分的建造，重在观瞻。因而，帝陵建筑的平面布置与宫殿建筑相仿，亦设中轴，求对称，讲递进，序高潮，尽可能地重现皇室宫殿建筑的基本美学原则与权倾天下的赫赫威风。

图3-21　北京昌平明十三陵石牌坊

图3-22　北京昌平明十三陵神道

代表作品：明十三陵

明十三陵是我国保存最完整、规模最大、艺术价值最高的皇陵集群。它以明成祖朱棣的长陵为主体，其他各陵则由此逐渐向两侧发展，环布山中。十三陵在总体上置有共用的神道、牌楼、石像生，整体性很强，是古代陵寝中的一个特例。

图3-23　北京昌平明十三陵长陵（朱棣墓），明十三陵是我国保存最完整、规模最大、艺术价值最高的皇陵集群

神道是古代陵寝的一个线性引导部分，其目的是使谒陵者在到达陵主体前经过一定时间的“感情培养”，去领悟设计者创造的庄严肃穆的环境氛围。十三陵神道以一座雕刻工整、轮廓线坚强有力的石牌坊为起点。6根方形石柱子组成5间的牌楼，柱子之间架着梁枋，上面有成排的斗栱支撑着大小11座屋顶，下面有6座基座承托着立柱，基座上布满了狮子等石雕，在梁枋上也有石刻的彩画纹饰。这座全部仿木结构形式的石造牌楼，造型端庄，具有明显的明代建筑简洁而有气势的风格，屹立在四周开阔的平地上，遥对着北面天寿山主峰，成为整座陵区的大门（图3-21）。进石牌楼，经大红门、碑亭，步入陵区神道，神道两侧罗列着包括文臣、武将、马、象、骆驼等共18对石人石兽，神道北端为棂星门，这些组成整座陵区的入口序列，自石牌楼至棂星门全长2.8千米（图3-22）。过棂星门，见到的是天寿山下的一片河滩平地，有一条主道直通长陵，又有若干条支道分别通向其他的12座皇陵。这段前导路线的设计，极为成功，从大牌坊起，一路上每个分段的终点均布置着体量合宜的建筑物和石像生，用以控制人们的视线，使他们一直笼罩在谒陵的气氛中，并随着时间的推移而逐步增强。

长陵位于天寿山主峰南麓，是十三陵中营造最早、规模最大的一座陵墓（图3-23）。它的总体布局和建筑物形式基本上遵循南京明孝陵的制度，在一条由南向北的中轴线上，依次排着陵门、祾恩门、祾恩殿（下宫）、方城明楼和宝城（上宫）。这一部分建筑，数量虽然不多，处理得却很丰富，它有前后两个相连的高潮，即祾恩殿和方城明楼。前者木结构，体量横长，为殿堂（图3-24、图3-25）；后者砖石结构，体量竖高，作城楼式，与前者对比鲜明，给人以深刻印象（图3-26）。全部建筑都是白台红墙朱柱黄瓦，一派皇家

图3-24 长陵祾恩殿，它是和故宫中太和殿很相类似的大殿，面阔9间，深5间，重檐庑殿顶，座于三层白石台基上

图3-25 长陵祾恩殿室内，60根大柱全为整根优质金丝楠木，至今香气袭人，完整无朽，是国内木构建筑中独一无二的实例

图3-26 北京昌平明长陵石五供及方城明楼

气象，在院庭内外和宝顶上满植松柏，气势萧森，纪念性很强。尤其总体布局单纯简练，不过分铺张，也是形成纪念性的重要因素。

（四）“再现”彼岸——佛教建筑艺术赏析

中国盛行的宗教主要是公元1世纪时从印度传入的佛教，自传入至今已两千余年，佛教建筑已成为仅次于宫殿的另一重要建筑类型。汉地佛教建筑主要是寺庙、佛塔和石窟，从佛教传入之初，中国人就开始按照中国方式来改造它，使它在发展中带有明显的中国特色。

1. 寺庙建筑的建筑艺术特点

（1）建筑布局：以木结构为本位，采取以院落形式为主的群体组合方式。

一座典型、完备的佛寺，通常的平面布局与空间序列上由一条主要建筑构成纵向的中轴线，构成中轴对称的发展态势，并且往往是南北向的。最南为山门，山门两侧有鼓楼与钟楼。山门之后是天王殿，殿内正中供奉弥勒佛像。与其背向而立的是韦驮之像，四大天王像两两相立。供奉释迦佛的大雄宝殿是整座佛寺的主题建筑，其位置之尊显、品位之高崇、尺度之巨大，无与伦比。一进进院落内往往遍植花木，四周又常常是山岚翁翠、景物宜人，令人心旷神怡、心宁神闲。足以让人体会到中国佛寺环境的清净与庄严、静穆与崇高，也让人感受到中国佛寺所特有的世俗情调。

（2）艺术风格：与世界其他地方的宗教建筑强调“表现”信仰者对天国向往的激情和狂热不同，中国佛教建筑强调“再现”彼岸世界的宁静与平和。寺庙应该就是天国净土的地上缩影，虽然必然会伴随着某种神秘和超现实性，但温婉馥郁的庭院、舒展平缓的体形、平易近人的体量，都使得中国佛教建筑更多地显现出一种安详与亲和的气氛。

图3-27　山西五台山佛光寺大殿

图3-28　山西五台山佛光寺大殿前檐当中一间

图3-29　河南登封嵩岳寺塔，15层密檐砖塔

代表作品：山西五台山佛光寺大殿

山西五台山佛光寺大殿是我国留存至今最古老的佛教建筑。佛光寺初建于北魏孝文帝时期，寺院建在五台山台外豆村佛光山西向的山腰上，依山势布置殿阁，由低到高分成三个平台，唐大中十一年（857年）建的大雄宝殿便坐落在最高第三层平台的中轴线上。

佛光寺大殿古朴雄壮的身姿，显得极为粗犷、奔放，体现了唐代建筑的艺术精髓。建筑置于低矮的台基上，与地面十分贴近，犹如从沉沉的大地生长出来似的。立面异常朴实，每间比例近于方形。8根粗壮而富有弹性的檐柱仿佛积蓄着巨大的力量，擎起8朵硕大雄劲的斗拱，那斗拱一级一级地叠加着向外、向上伸展，托起灵动欲飞的曲面屋顶，任由它轻缓地舒展、起翘、冲飞。屋顶正脊两端的鸱吻，遒劲有力，紧紧收住向四面飞扬的屋面。从远处凝望，由无数灰色筒瓦、朱红梁妨汇集成的屋顶整体，透露着盎然生机，仿佛散发出“气”的氤氲。建筑显得格调极高，朱红色的基调中，一道白色水平装饰带环绕四周，使建筑变得格外精神起来。朴实的色彩，质朴的肌理，简约的装饰，这些充满自信的自然风格，仿佛被岁月的激流冲刷过似的，体现了佛教至性和至诚的精神（图3-27、图3-28）。

2. 佛塔

千百年来，佛寺建筑和“塔”总有着不解之缘，尤其是在佛风炽盛的南北朝时期，“塔”的挺拔高耸的姿态给佛寺建筑注入了炽热的激情，也丰富了城市建筑的轮廓。中国化的佛塔其虽仍有藏纳“舍利”的功用，但其形制已与中国传统建筑样式相结合，大致有楼阁式、密檐式、亭阁式、覆钵式、金刚宝座式等（图3-29、图3-30）。檐制为奇数制，建筑平面多为正四边形（正方形）、正六边形、正八边形、正十二边形以及圆形之塔。建筑材料最早采用木质，之后为求坚固永存，使其崇高佛性久留于寰宇，改为砖石塔、铁塔、铜塔以及其他坚固材料之塔，但外观仍建造得像是土木结构之塔。

图3-30　陕西西安慈恩寺大雁塔，楼阁型佛塔，青砖砌成的塔身磨砖对缝，结构严整，外部由仿木结构形成开间，每层的四面各有一个拱券门洞，整个建筑气魄宏大，格调庄严古朴

图3-31 山西应县佛宫寺释迦塔远景

图3-32 山西应县佛宫寺释迦塔立面细部

图3-33 山西应县佛宫寺释迦塔天花藻井

代表作品：山西应县佛宫寺释迦塔

山西应县佛宫寺释迦塔建于辽清宁二年（1056年），是世界上现存最高的木结构建筑之一。塔位于寺的山门之内大殿之前的中轴线上。

塔的外形上是平面八角形，高达九层，其中有四个暗层，外部看来是五层，而最下层是重格，一共有六层。这座楼阁式木塔高达67.3米，直径达30.27米，体形庞大，但由于在各层的屋檐上，配以向外挑出的平坐与走廊，以及攒尖的塔顶和造型优美而富有向上感的铁刹，不但不感其笨重，反而呈现出一种华美雄壮的气势。

塔的立面是精心设计的，全塔第一层到第四层的每层高度相同，因而在立面上具有规则的韵律感。各层的屋檐，依照总体轮廓所需要的长度和坡度，创造了优美的总体轮廓线，檐下部分丰富多变，避免了重复韵律中的单调感。最下一层绕以外廊与上面各檐取得呼应，整个塔造型上获得一种稳定感。顶部以攒尖顶和铁刹结束，高度和造型与整个塔的比例十分恰当（图3-31～图3-33）。

3. 石窟

石窟寺是中国佛寺的另一样式，往往建造在荒寒、人迹稀少的地区，具有某种阴郁与神秘的文化风格，但它是佛教信徒又一个空幻的精神家园。现存中国内地的石窟寺以北魏时期建造的为最早，南北朝时期凿崖造窟之风已在中国西部与中原地区兴起。在一个多世纪里，山西的云冈、天龙山，甘肃敦煌的鸣沙山和麦积山，河南洛阳的龙门，以及河北的响堂山等地，都有石窟大批大批地登上中国佛教建筑的文化舞台（图3-34、图3-35）。到了唐代，凿窟之风盛行华夏。后来，凿窟的技术水平大进，其一般平面取方形或前方后圆形，不仅契合印度石窟寺的平面原型，而且也符合中国传统建筑平面的一般规矩。建筑样式、结构形式、窟内空间的装饰艺术都具有强烈的“中国化”特征。

图3-34　甘肃敦煌莫高窟

代表作品：云冈石窟

云冈石窟位于山西省大同市以西16千米的武周山南麓，始凿于北魏兴安二年（公元453年）。石窟依山而凿，东西长1千米，气势磅礴。现存主要洞窟45个，大小窟龛252个，大小造像51000尊，是我国规模最大的古代石窟群之一。云冈石窟与甘肃敦煌莫高窟、河南龙门石窟并称为中国三大石窟群。

图3-35　河南洛阳龙门石窟奉先寺远景

云冈石窟的下方为一石窟寺，依山就势，逐层向上递进。建筑按照中国传统寺庙建筑的格局沿轴线对称布置，装饰精美，具有山西传统建筑的特点。位于第六窟外的建筑高大雄伟，按照山势向两翼延伸，每层由柱廊承托，整个建筑看上去仿佛镶嵌于山石峭壁之间，古朴而又威严。建筑上覆彩色琉璃瓦，柱头有龙头雕饰，檐上的彩绘以蓝绿色调为主，自然典雅。寺庙建筑群相邻建筑的翘角飞檐处形成空间上的重合、交错，组成一组线条柔美、层次丰富的画面（图3-36）。

图3-36　山西大同云冈石窟寺

图3-37　山西大同云冈石窟表现的建筑物

云冈石窟艺术对后世影响深远，堪称中国佛教艺术的转折点。窟内塔柱及窟壁上的雕刻精致细腻。云冈中期石窟出现的中国宫殿建筑式样雕刻，以及在此基础上发展出的中国式佛像龛都在后世的石窟寺建造中得到广泛应用。晚期石窟的窟室布局和装饰更加突出地展现了浓郁的中国式建筑和装饰风格的特点（图3-37）。

（五）结庐在人境——民居建筑艺术赏析

与其他建筑相比，民居是出现最早也是最基本的一种建筑类型，数量最多，分布最广。住宅建造的直接目的在于满足人们日常生活起居的实际需要，同时也被赋予了精神内涵，体现了尊卑之礼、长幼之序、男女之别、内外之分等宗法伦理思想。

中国地域辽阔，历史悠久，因各地的地理气候、风土人情等要素的不同，民居建筑因地制宜，就地取材，呈现出地方性、多样性和创造性的特点。中国民居依形式大致可分为六种：北方院落民居、南方院落民居、南方天井民居、岭南客家集团民居、西北窑洞民居和南方自由式民居。此外，少数民族由于地理气候、民风民俗和宗教信仰的关系，在多民族独立又融合的聚居生活中，形成了自己特有的建筑审美风格，如藏式碉房、傣族竹楼、蒙古包、湘西吊脚楼等，这些建筑大多仍保留着原生态的质朴，并与自然环境融为一体，自由潇洒，不拘一格。

代表作品一：北京四合院

北方院落民居中以北京四合院的建造水平为最高，也最为典型，是中国汉族传统民居的优秀代表。北京四合院坐北朝南，多有外、内二院。外院横长，大门开在前右角即东南角，称“青龙门”，这被认为是吉利的。实际上，宅门不设在中轴线上有利于保持民居的私密性并能增加空间的变化（图3-38）。进入大门迎面有砖影壁一座，与大门组成一个小

图3-38　北京四合院住宅大门

图3-39　北京四合院住宅垂花门内庭院

图3-40　北京四合院住宅游廊

图3-41　北京四合院住宅内院一角

小的过渡空间。由此西转进入外院。在外院有客房，男仆房、厨房和厕所。由外院向北通过一座造型玲珑、相当华丽的垂花门进入方阔的内院，即为全宅主院（图3-39）。北面正房称堂，面积最大，作供奉“天地君亲师”牌位、举行家庭礼仪、接待尊贵宾客之用。正房左右接出耳房，供家庭长辈居住。耳房前有小小角院，十分安静，也常用作书房。正房前主院两侧各有厢房，是后辈居室。正房、厢房朝向院子都有前廊，用“抄手游廊”把垂花门和三座房屋的前廊连接起来，廊边常设坐凳栏杆，可以沿廊走通，不必露天，或在廊内坐赏院中花树（图3-40、图3-41）。正房以后有时有一长排“后照房”，或作居室，或为杂屋。四合院的院落布局体现了中国传统的伦理次序和等级制度。

北京四合院亲切宁静，有浓厚的生活气息。庭院方阔，尺度适宜，院中莳花置石，是十分理想的室外生活空间。抄手游廊把庭院分成几个大小空间，但分而不隔，互相渗透，增加了层次的虚实映衬和光影对比，也使得庭院更符合人的日常生活尺度，创造了亲切的生活情趣。格律精严的北京四合院所显现的向心凝聚的气氛，正是大多数中国人性格的典型表现。院落对外封闭、对内开敞的格局，既维护了家居生活的宁静与私密，也满足了中国人亲近自然的需求。

图 3-42　徽州民居鸟瞰图

图 3-43　徽州民居天井

图 3-44　徽州民居天井内的装饰小品

图 3-45　徽州民居木窗雕饰

代表作品二：南方天井民居

中国南方地区炎热多雨且潮湿，多山地丘陵，人稠地窄，民居布局重视防潮通风，也注意防火，布局紧凑，密集而多楼房。天井民居的基本单元是以横长方形天井为核心，四面或左右后三面围以楼房，阳光射入较少；所谓“天井”，其实也是露天的院落，只是面积较小。狭高的天井也起着拔风的作用；正房即堂屋朝向天井，完全开敞，可见天日；各屋都向天井排水，风水学说称之为“四水归堂”，有财不外流的寓意。外围常耸起马头山墙，又称封火山墙，利于防火。马头山墙是南方民居及其他建筑的一大造型特色。墙头都高出于屋顶，轮廓作阶梯状，变化丰富，有一阶、二阶、三阶之分。封火山墙的砖墙墙面以白灰粉刷，墙头覆以青瓦两坡墙檐，白墙青瓦，明朗而雅素。

天井民居以皖南、赣北徽州地区最为典型。徽派民居外观简洁利落，没有过多装饰，只在重点部位如大门处做一些处理，有精致的雕砖覆瓦门檐，有的还做出附墙砖雕牌楼（图3-42～图3-45）。

代表作品三：岭南客家集团民居

岭南客家集团民居是流行在闽、粤、赣南、桂东等岭南地区的一种大型民居。它有多种形式，主要可归纳为五凤楼和土楼两种，其共同特点是规模巨大，围合严密，呈向心对称布局，供同一家族十几至几十个家庭居住。

五凤楼沿全宅中轴线由前至后布置下堂、中堂和后楼，合称三堂。下堂即门厅，中堂为家族聚会大厅，都是单层；后楼大多为三、四、五层，底层正中为祖堂，供奉祖先牌位，周围及以上各层为各家居室。三堂之间隔以天井，左右各有厢厅，并有通道通向横屋。所谓横屋，指与中轴平行的条形长屋，也是各家居室，由前至后层数递增，最后与后楼高度接近。以后楼为重心，两横楼如大鸟之翼左右拱卫，气势舒展若凤凰展翅，所以称为“五凤楼”。五凤楼选择在前低后高的山脚地带，前有方坪，隔照壁有半圆形鱼塘，后设半圆凉院，是风水所重视的理想地形。屋顶多为歇山式，屋坡舒缓，檐端平直，明显保留了较多的汉唐风格（图3-46）。

图3-46　福建永定“五凤楼”

土楼有方楼、圆楼两种，是一种全封闭的大型民居。特点是以一圈高达二～五层的楼房围成巨宅，内为中心院，祖堂一般设在楼房底层与宅院正门相对的中轴线上；或在院内建平房围成第二圈，甚至三、四、五圈，祖堂在核心内圈中央，是祭祖和举行家族大礼的地方。外圈土墙特厚，常可达2米以上。一、二层是厨房、杂物间和谷仓，对外不开窗或只开极小的射孔，三层以上才住人开窗，也可凭倚射击，防卫性特强（图3-47、图3-48）。

图3-47　福建永定圆形土楼群

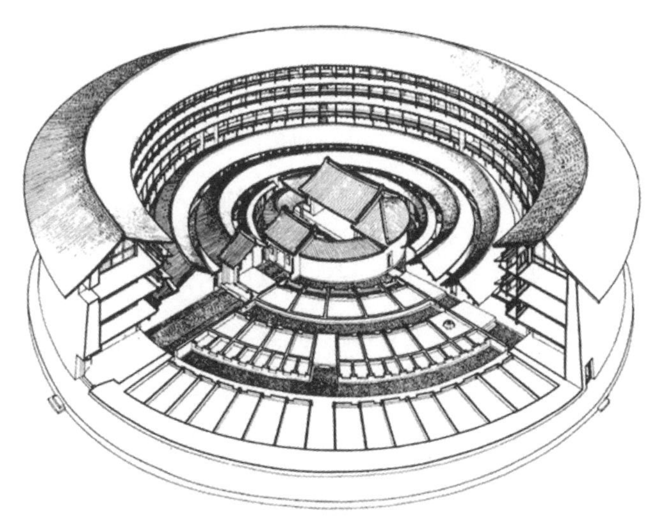

图3-48　福建永定圆形土楼群住宅剖视

（六）虽由人作，宛若天成——园林建筑艺术赏析

中国古典园林建筑艺术是体现中国人自然观的最好例证。中国是诗的国度，早在魏晋时期，就产生了山水诗，表达了中国人对于自然美的一种特别亲切、特别敏锐的感受能力。中国又是画的国度，隋唐时期，独立的山水画就已出现。中国还是园林的国度，在园林中充满了诗情画意，可以说是一种有形的诗或立体的画，更具体而典型地寄托了人们对自然的热爱和无限留恋。中国园林具有自己鲜明的民族特色和艺术特征：

（1）源于自然，高于自然

中国古典园林不是简单地利用和模仿自然界构景要素的原生状态，而是有意识地加以改造、调整、加工、剪裁，从而表现一个精炼、概括的自然，即典型化的自然；同时也是对大自然的感性的写意，侧重于表现主体因物象而引起的审美感情。

（2）建筑美与自然美的融合

与西方园林相比，中国古典园林更注重建筑与自然的结合，无论建筑多寡，性质功能如何，都能够与山、水、植物有机地组织在一系列风景画面之中。

（3）诗画的情趣

通过景名、匾额、楹联等文学手段对园景作直接的点题，还借助文学艺术的手法，使造园颇多类似文学艺术的结构，如起承开合、变化有序、层次清晰等。中国传统园林中许多理论还直接源自画理，如“主峰最宜高耸，客山须是奔趋”、“山贵有脉，水贵有源”等。同时，文人、画家参与造园，也使传统园林的“诗情画意”得以更好地实现，并在中国园林史中留下了丰厚的遗产，如王维的辋川别业等。

（4）意境的内涵

意境是中国传统艺术的创作和鉴赏方面的一个极重要的美学范畴。简单来说，“意”即主观的理念和感情，“境”即客观的生活和景物。意境产生于艺术创作中，两者的结合，即创造者把自己的感情、理念融于客观生活景物之中，从而引发观者类似的情感和理念联想。所以园林的创造与欣赏是一个深层的充满感情的过程，寓情于景，触景生情，这种情景交融的氛围，谓之“天人合一”。

代表作品一：颐和园

颐和园位于北京西北部，建成于清乾隆十五年（1750年）。主体由万寿山和昆明湖组成。山居北，横向，高60米；湖居南，呈北宽南窄的三角形。全园可分为宫殿区、前山前湖区、西湖区和后山后湖区四大景区。

宫殿区仍取严谨对称的殿庭格局，但较之紫禁城的严肃气氛已轻松很多，建筑尺度也不太大。绕过宫殿区的主殿仁寿殿，通过一条曲折的小道，进入前山前湖区，气氛才忽然一变：前泛平湖，目极远山，视野十分辽阔，远处玉泉山的塔影被借入园内，加深了园林的空间感（图3-49）。

图3-49　借景玉泉山

万寿山体形缺少变化，在山的南坡耸起体量高大的佛香阁，与阁北山顶上的琉璃阁一起，丰富了山的轮廓，是范围广大的全园构图中心，建筑施以华丽彩画，

图3-50　万寿山上的佛香阁建筑群

图3-51　万寿山南麓之长廊

图3-52　北京颐和园后山谐趣园

图3-53　苏州街

风格浓丽富贵（图3-50）。在阁下山脚与湖岸之间，建造了东西长达700米的世界最长长廊，把山麓的众多小建筑统束起来。长廊的上梁枋之间，布满了色彩鲜明的彩画。人们在长廊中漫游欣赏的时候，就仿佛是走入了一座建筑别致的精妙画廊（图3-51）。

在昆明湖西部筑有西堤，堤西隔出水面二处，各有岛一，与龙王庙岛一起，构成一池三神山的传统皇苑布局，为西湖区，风格疏淡粗放，富有野趣。

万寿山北麓是后山后湖景区。后湖实为一串小湖，以弯曲河道相连，夹岸幽谷浓荫，风格幽曲窈窕。在后湖中段，两岸仿苏州水街建成店铺，有江南镇埠风韵（图3-52、图3-53）。

颐和园充分体现了皇家园林的特点：以真山真水为造园要素，手法近于写实；景区规模大，景点多，景观丰富；功能和活动性较丰富，几乎都附有宫殿和居住用的殿堂；园林风格侧重于富丽堂皇，渲染出一派皇家气象。

图3-54　江苏苏州网师园曲廊

图3-55　月到风来亭

图3-56　射鸭水阁

代表作品二：苏州网师园

苏州网师园现存园貌大半建成于清乾隆六十年（1795年），其布局精妙，是苏州小型园林的上乘之作。园东邻园主住宅，主要园门开在东南角。

入门西行为一短廊，西接一厅，厅的南、西两面是小院，幽曲深闭，厅北为假山，挡住北向视线，只有从厅西折廊迤逦向北，通至轻灵小巧的濯缨水阁，才顿觉开朗，水光潋滟，池亭争辉。这种欲扬先抑的手法为中国园林所常用（图3-54）。

水池居中，基本方形，岸石低临，进退曲折，石下水面向内伸进，仿佛波浪冲蚀的意象。临水建筑也尽量低近水面，在池的东南、西北二角伸出溪湾。这些处理，都开阔了景境。由濯缨水阁傍园西墙北行，有廊渐高，登至月到风来亭，有登高一览的效果（图3-55）。亭北通向一苍松翠柏怪石嶙峋之地，体量较大的看松读画轩北离水岸，隐在松柏之后。轩东的集虚斋为楼，也远离水池。斋南有一段空廊。廊折南再接一座附在宅院西墙上称为射鸭水阁的半亭，与月到风来亭和濯缨水阁品字相望，组成沿池三角形观景点，互相得景成景。半亭冲破了庞大山墙的呆板，南面堆起一丛山石，种植小树疏竹，仿佛是一幅风物小画，作为背景的宅院白墙仿佛成了画纸。墙上开了两方假漏窗，漏窗上横列一条披檐，平衡了画面构图，又进一步破除了宅院西墙的单调感（图3-56）。

网师园是江南私家园林的典型作品。与皇家园林相比，江南私家园林的特点在于：占地规模较小，主要通过“小中见大”的艺术构思和含蓄、扬抑、曲折、暗示等手法创造一种深邃不尽的景境，扩大人们对实际空间的感受；大多以水面为中心，四周散布建筑，构成一个个景点，再围合成全园；园林的主要功能是修身养性、闲适自娱；风格以清高风雅、淡素脱俗为最高追求，充溢着浓郁的书卷之气。

第四部分 西方古代建筑艺术赏析

一切建筑物都应当恰如其分地考虑到坚固耐久、便利实用、美丽悦目。

——维特鲁威（Marius Vitravii Pollinis）

在18世纪以前，东西方均处于农业和手工业文明时代。西方古典建筑是手工业社会的产物，它使用砖石作为主要的建筑材料，采用与之相应的结构形式，建筑功能相对简单，建筑类型不多，空间组合手法也比较单一。西方古典建筑艺术的一个显著特征就是注重形式、注重装饰和精雕细刻，表现出形式的和谐与统一。在美学观念上也表现出追求和谐、强调形式美法则的特点，并认为美存在于一定的数量比例关系中。

一、和谐优美——古希腊建筑艺术赏析

古希腊是欧洲文化的摇篮，古希腊建筑是西方建筑发展的基础。古希腊社会在人与自然、个体与群体、感情与理智之间都处于一种相对和谐融洽的状态，“和谐”是古希腊最重要的美学思想，古希腊的建筑与造型艺术也表现出一种和谐之美。具体体现在以下几点。

1. 以比例与数理美为特征的和谐统一

古希腊建筑的各部分，如圆柱、柱头、槽口、山墙等，都以一定的结构比例及数量关系而建造，各种柱式的细部尺寸之间也存在着非常精妙的比例关系（图4-1）。如多立克式柱式无底座，短而粗，柱高和底部直径之比为6：1，模仿刚强的男性人体，显得古朴沉

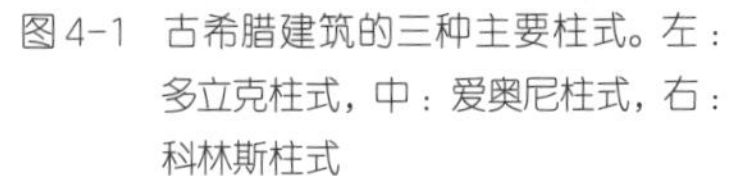

图4-1　古希腊建筑的三种主要柱式。左：多立克柱式，中：爱奥尼柱式，右：科林斯柱式

图4-2　雅典卫城复原图

重、刚劲雄健；爱奥尼柱式则有底座，长而细，高度和底座直径之比为8：1，模仿柔和的女人体，显得秀气灵巧、柔和华丽。以数学为基础所建立起来的理性的和谐标准，以及在此基础上所进行的视觉效果上的调整等，都使古希腊建筑成为欧洲传统建筑美学上的典范。

2. 力学性能上的系统统一

古希腊建筑在力学性能上极力追求一种完美的静态平衡，并利用形式塑造，使人欣赏建筑时，得到均衡的感受。

3. 人体比例的绝妙应用

意大利建筑师布鲁诺·赛维认为人体比例的绝妙应用是古希腊建筑一个无与伦比的高超之点。为获得和谐的形式，古希腊人推崇人体尺度的应用，他们用人体雕像装饰神庙的山墙和柱式，使建筑物处处充满人情味，充分体现了人文精神。

4. 基于自然主义的和谐美

追求与自然环境的协调是古希腊建筑的突出特点。许多城市、建筑群在规划布局上并不单纯强调平面构图的对称工整，而是顺应和利用各种复杂地形，构成活泼多变的建筑群体景观。

代表作品：雅典卫城

雅典卫城坐落在雅典城中心一座小台地上，建于公元前5世纪中叶，是古希腊建筑中最负盛名的代表作。整个建筑群洋溢着一片和谐、端庄、典雅和充满理性秩序的美，被人们誉为古典美的“不可企及的典范”。卫城建筑群包括帕提侬神庙、伊瑞克提翁神庙、山门和胜利女神庙。由卫城西边的斜坡拾级而上，迎面是朴素的多立克山门。山门之后，高11米的雅典娜神像执矛而立。绕过女神像，左边是纤巧秀丽的伊瑞克提翁神庙，右边最高处是庄严宏伟的帕提侬神庙（图4-2）。整个建筑群布局以自由、与自然和谐相处为原则，既考虑静态的欣赏效果，又强调了人们置身其中的动态视觉美效果。

图 4-3　帕提侬神庙外观

图 4-4　帕提侬神庙垅间壁上的浮雕

帕提侬神庙位于卫城的中部靠近南缘，是卫城中最主要的一座殿堂，供奉希腊的保护女神雅典娜。神庙平面呈长方形，东西长69.5米，南北宽30.9米，体形单纯洗练，四面围绕柱廊，东、西端柱廊内有门廊，由挺拔且带有凹槽的多立克式石柱组成，神庙下有三层台基。这其实是一座很简单的建筑，却以其无与伦比的美丽与和谐成为世人公认的艺术作品，代表了古希腊建筑的最高成就（图4-3）。帕提侬神庙全部用白色大理石建造，柱子比例匀称，比一般多立克柱更为修长挺干，既刚劲雄健，又隐含着妩媚与秀丽。柱子中部微微鼓出，上部收分较多，显得柔韧有力而绝无僵滞之感。所有柱子都向建筑平面中心微微倾斜，使建筑感觉更加稳定。檐部较薄，柱间净空较宽，柱头简洁有力，整体造型极尽完美，风格洗练明快。柱上栊间板、山墙、围廊内上部都布满浮雕，所有浮雕都极其精美，曾经涂着金、蓝和红色，铜门镀金，瓦当、柱头和整个檐部也都曾有过浓重的色彩，在阳光照耀着的白色大理石衬托下，显得鲜丽明快（图4-4）。帕提侬神庙旁边的伊瑞克提翁神庙以同样的端庄与帕提侬神庙取得谐调，但它的形制十分自由，不对称，轻快而活泼，又与帕提侬神庙形成了对比。伊瑞克提翁神庙的女神像柱廊用少女立像作柱，优美娴静的神态举重若轻，仿佛沉重的石头也变得轻快动人了（图4-5）。

图 4-5　伊瑞克提翁神庙的女神像柱廊

二、壮丽辉煌——古罗马建筑艺术赏析

古罗马时期的社会观念已向满足世俗化和享乐主义方向发展，对军事化和君权主义的推崇，使古罗马建筑艺术在继承希腊古典传统的基础上更多地追求宏伟、壮丽的美学效果，以巨大的尺度和厚重的结构形态，在显赫的气氛中表现帝国的雄风。其艺术特征具体体现在以下几个方面。

图 4-6 古罗马城复原模型，高架输水渠穿城而过，各类公共建筑遍布城市

图 4-7 君士坦丁凯旋门，采用券柱式结构，极具辉煌的纪念效果

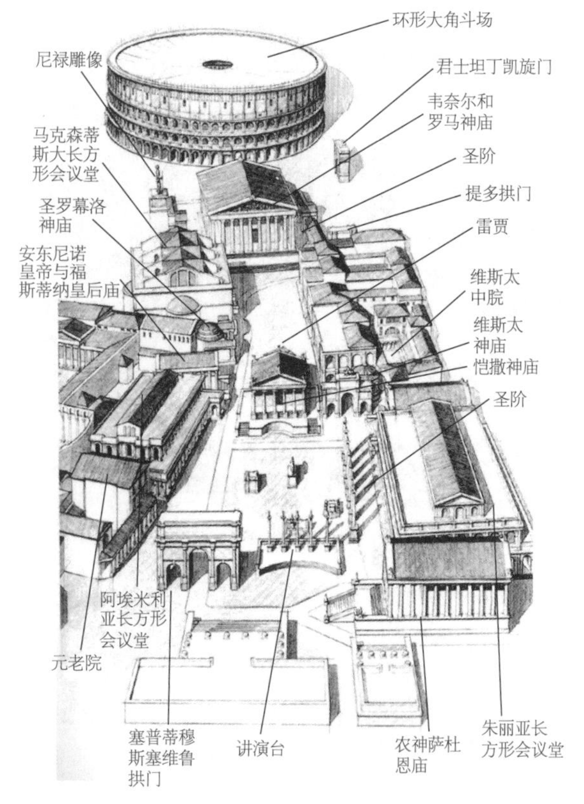

图 4-8 罗马广场群复原图

1. 宏伟的美学效果

与古希腊建筑相比，古罗马建筑无论是体量还是内部空间都有超大的尺度。古罗马人利用混凝土技术和拱券结构，创造出了拱顶与圆顶结构，构建出更大的空间结构，万神庙、斗兽场、公共浴场、巴西利卡等大型建筑无不具有磅礴的气势和震撼的效果（图4-6）。同时，古罗马人在继承古希腊三柱式的基础上，发展了新的柱式和柱式组合，合称古罗马五柱式。拱券结构与柱式结合起来，创造出了券柱式这一新的建筑形式。柱式趋向于细长的比例、复合的线脚、华丽的雕刻，使之更多地成为墙面的装饰（图4-7）。

2. 基于实用的美学观念

古罗马人在审美理念上以人为审美主体，建筑也从雕塑感转向对空间的追求。在建筑和城市规划中主要追求的不是精神上与自然、宇宙的和谐，而是切身生活范围内种种“现实”利益。对君主和帝国的夸耀，使古罗马建筑艺术从古希腊时期“高贵的单纯”转变为“炫目的豪华”，从“静穆的伟大”转变为“显赫的夸耀”。

3. 永恒的艺术秩序

古罗马建筑极力追求完美的“秩序感”，运用轴线系统、对比和透视手法建立整体而壮观的城市空间秩序。广场是古罗马城市的中心，其空间形态逐渐由开敞变为封闭，由自由转为严整，并运用轴线的延伸与转合、连续的柱廊、巨大的建筑、规整的平面、强烈的视线和底景等要素，使这些广场群形成华丽雄伟、明朗而有秩序的空间体系，成为歌颂权利、炫耀财富、表彰功绩、彰显国力的象征（图4-8）。

图4-9　万神庙外观

代表作品一：罗马万神庙

罗马万神庙建于公元1世纪，正当帝国盛期，随着城市的发展，人们的公共活动渐渐由室外转入了室内，祭祀和崇敬神的宗教活动也由神庙外的广场进入到庙堂内部，这就迫切需要一种新型的、能使信徒们感到震惊的神庙形式。工程技术和材料条件的成熟，使用功能的需要，再加上罗马人在建筑艺术上的天才创造性，终于促成了万神庙——这一西方古典宗教建筑艺术绝世奇珍的诞生。

万神庙由一圆形的祭神大厅和一矩形的门廊组成，这一形式综合了古罗马和古希腊神庙的精华（图4-9）。圆形正殿是神庙的精华，在结构上第一次成功地运用了穹隆顶。圆形正殿直径和高度均为43.43米，近似一球形。殿内壁面分为两大部分，上部覆盖一个巨型的半球形穹隆，穹顶由下至上密排了五层做内凹线脚的方形藻井，藻井下大上小，逐排收缩，增加了整个穹面的深远感，并随弧度现出一定的节奏。在穹顶的正中央，开有一个直径8.9米的圆洞，作为室内的唯一采光口。通过这个窗口，可以看到蔚蓝的天空，阳光也通过它，成束状照射到殿堂内。随着太阳方位角的转换，光线也产生明暗、强弱和方向上的变化。底下壁龛中的神像也依次呈现出明亮和晦暗的交替，祈奉的人们犹如身在苍穹之下，与天国和众神产生神秘的感应。穹隆下的墙面又以黄金分割比例作了二层檐部的线脚划分。底层沿周边在墙上开了七个壁龛，内置神像，增加了实墙面的变化，龛前立一圈科林斯式柱子。神殿的全部结构均以火山灰混凝土浇筑，墙厚达6.2米，以抵抗上部穹顶传下的向外推力，穹顶越往上越薄，所选用的填充料也越轻，充分表现了结构技术与艺术处理的谐调（图4-10、图4-11）。

万神庙在艺术上的最大成功在于它的集中式布局，以巨大的体量和完美的形式创造了一个极为完整、单纯、统一、和谐的内部空间，是希腊人从来没有想象到的，体现了罗马人倾向于崇高、宏伟的审美理想，这对之后的建筑也产生了很大影响。

图 4-10　万神庙内景

图 4-11　万神庙穹顶中央的采光口

图 4-12　罗马大角斗场俯瞰图

图 4-13　罗马大角斗场外观

代表作品二：罗马大角斗场

罗马大角斗场建于公元72～82年间，平面为椭圆形，其长轴为189米，短轴为156.4米。中央为表演区，长径87.47米；短径54.86米，四周由下至上，排列有阶梯状看台60排，按观众的等级分为五区，每区均有独立的过道和楼梯直通对外的出口，全场可容纳五万余名观众。为了疏散人流，四周共建有80个出口，整体布局考虑十分周详。

表演区又称为沙场，地上满铺着黄沙，以吸去斗杀中流出的污血。竞技场和看台下有地下室，作关禁猛兽和角斗士逗留之用。整个观众看台架在底层七圈柱墩上，并从中向外逐渐升高，其支承采用筒形拱、交叉拱、环形拱、放射形拱等新技术，整个结构体系坚固合理、简洁明了、完整统一（图4-12）。

角斗场外观立面总高48.5米，分为四层，内部为混凝土结构层，外贴大理石面层。它的下面三层立面作绕场一周的连续拱券柱廊，每层有券洞80个。底层廊柱采用雄健的多立克柱式，第二层采用秀美的爱奥尼柱式，第三层采用华丽的科林斯柱式，顶层为实墙，饰有科林斯壁柱。大角斗场没有主要入口，整个立面连绵无尽，周而复始，浑然一体。这种处理，强化了建筑物的尺度感和韵律感，使它看起来既坚实又有节奏，达到了建筑技术和艺术的完美统一（图4-13）。

三、宏伟绚丽——拜占庭建筑艺术赏析

公元395年，罗马帝国分裂为东、西两个部分，东帝国在历史上又被称为拜占庭帝国，它因欧洲经济重心的东移而保持繁荣，创造了个性很强的建筑风格——拜占庭建筑。从历史发展的角度来看，拜占庭建筑是在继承古罗马建筑文化的基础上发展起来的，同时，由于地理原因，它又汲取了波斯、两河流域、叙利亚等东方文化，形成了自己的建筑风格，并对后来的俄罗斯的教堂建筑、伊斯兰教的清真寺建筑产生了积极的影响，由此诞生了奇异而充满梦幻色彩的东正教洋葱头式圆顶（图4-14）。拜占庭建筑的艺术特点可以概括为以下几个方面。

1. 集中式建筑彰显宏伟的纪念性

拜占庭建筑的精华是东正教教堂，它创造了把穹顶支承在独立方柱上的结构方法和与之相应的集中式建筑形制。教堂在平面布局上采用希腊十字式，即中央的穹顶和它四面的筒形拱成等臂十字的构图，在造型上以高大饱满的穹顶作为整座建筑的垂直构图中心（图4-15）。

2. 色彩绚烂的装饰艺术风格

拜占庭建筑的内外部都采用了大面积的表面装饰。室内平整的墙面贴彩色大理石板，拱券和穹顶表面则贴马赛克和粉画，大量宗教题材的马赛克壁画和粉画使得教堂内部彩色非常富丽。有些重要建筑物的马赛克甚至用贴金箔的小块玻璃拼镶，它们表面有意略做不同方向的倾斜，造成闪烁的效果，整个内部空间也因此更加明亮辉煌（图4-16）。

图4-14　莫斯科华西里柏拉仁诺教堂是俄罗斯拜占庭建筑的代表，色彩鲜艳的帐篷顶和洋葱头式穹隆具有强烈的节日气氛

图4-15　圣马可教堂，拜占庭教堂的经典代表

图4-16　圣马可教堂内部布满用金箔、彩色大理石、精美马赛克镶嵌而成的宗教画

图4-17　圣索菲亚大教堂外观

图4-18　圣索菲亚大教堂穹顶内景

代表作品：圣索菲亚大教堂

圣索菲亚大教堂位于伊斯坦布尔，建于公元532～537年，是最著名的拜占庭教堂建筑。大教堂平面近方，东西长77米，南北71.7米，中央大厅上方由大穹顶覆盖，穹顶的中心高度55米，空间比罗马万神庙更为高敞宽阔。正中直径33米、高15米的半球形穹隆由40根肋拱组成，下接一个鼓座，在四角通过一种称作“帆拱”的三角形拱体把圆形改变为方形平面，架在四角各一个18.3米长、7.6米宽的巨大墩座上。在中央穹顶的鼓座上开着一圈采光窗，从下面向上望去，大穹顶似乎飘浮在半空中。整套结构关系明确，层次井然，特别是帆拱的使用，使空间从万神庙那种封闭的围墙中解放了出来，产生了既统一又多变的效果，给人以漫无涯际、流转无尽的空间幻觉，规模也更宏大了（图4-17）。

教堂内部灿烂夺目的色彩则更增强了这种体验：墩座和墙体用白、绿、黑、红等彩色大理石贴面，并组成图案；两侧柱子的柱身为深红或深绿色，柱头为白色，镶着金箔。柱头、柱础和柱身的交界线都有包金的铜箍，穹顶和拱顶用金底或蓝底的玻璃马赛克装饰，地面也用马赛克铺装。当朦胧的光线由穹顶下缘的一个个小窗洞中洒进幽暗的室内时，景象斑斓而迷离（图4-18）。

1453年，奥斯曼土耳其帝国攻占君士坦丁堡，并改名为伊斯坦布尔。圣索菲亚大教堂被改成清真寺，并在四周建了4座高大的回教尖塔。如今，这座建筑成为展现基督教和伊斯兰教两种文化的宝贵殿堂。

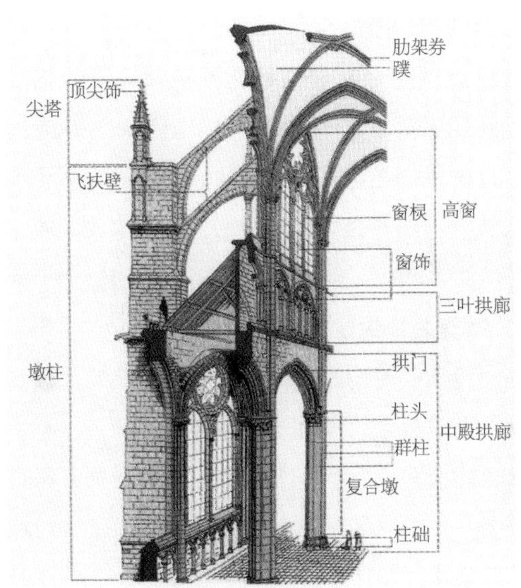

图 4-19　哥特式教堂的结构体系

图 4-20　德国科隆大教堂中舱内景，向上涌动的群柱和肋架券，引领着人们仰望天堂的圣父

图 4-21　法国夏特尔主教堂是早期哥特式教堂的典范

四、崇高神秘——哥特式建筑艺术赏析

哥特式建筑是建筑发展历史上的一次重大飞跃，标志着人类艺术文化和建筑物构筑水平上升至一个新的阶段。哥特式建筑的典型类型是哥特式教堂。12世纪哥特教堂最先出现在法国，后逐渐遍及欧洲。法国的夏特尔主教堂、巴黎圣母院、韩斯主教堂、亚眠主教堂，德国的乌尔姆主教堂、科隆主教堂，以及意大利的米兰主教堂都是哥特风格的代表作品。

与庄严静穆的古希腊神庙不同，哥特式教堂显示出一种神秘崇高的气氛，其艺术特点体现在以下几个方面。

1. 创造性的结构技术

哥特式建筑使用骨架券作为拱顶的承重构件结构，侧廊屋顶上暴露的一条条“飞扶壁”将中厅拱肋的侧推力传到一片片横墩上，使用二圆心的尖券和尖拱使不同跨度的券和拱一样高，进深一致，造出整齐、单纯、统一的空间。新的结构方式推动了新的艺术风格的形成，创造了同神学密切结合的哥特式教堂建筑，表达了设计建造者的激情和理想（图4-19）。

2. 追求向上动势的艺术风格

哥特式教堂的基本形制是拉丁十字式的，中厅一般不宽但却很长，两侧支柱的间距不大，因此教堂内部导向祭坛的动势很强。由于技术的进步，中厅越建越高，12世纪下半叶之后一般的教堂都在30米以上。拱券尖尖，骨架券从柱头上散射出来。13世纪柱头消失，支柱仿佛是一束骨架券的茎梗，垂直线是其统治的要素，教堂内部空间的框架强烈地向高处集中和升腾，体现着向往“天国”的宗教情感（图4-20）。这种情感不仅表现在教堂内部，也表现在教堂的整体造型和外观装饰上，外观高耸的钟楼，其尖顶、飞券和门窗等处的尖券使庞大的建筑物仿佛失去重量，所有建筑局部和细节的上端都是尖的，整个教堂仿佛欲腾空冲上天穹（图4-21）。

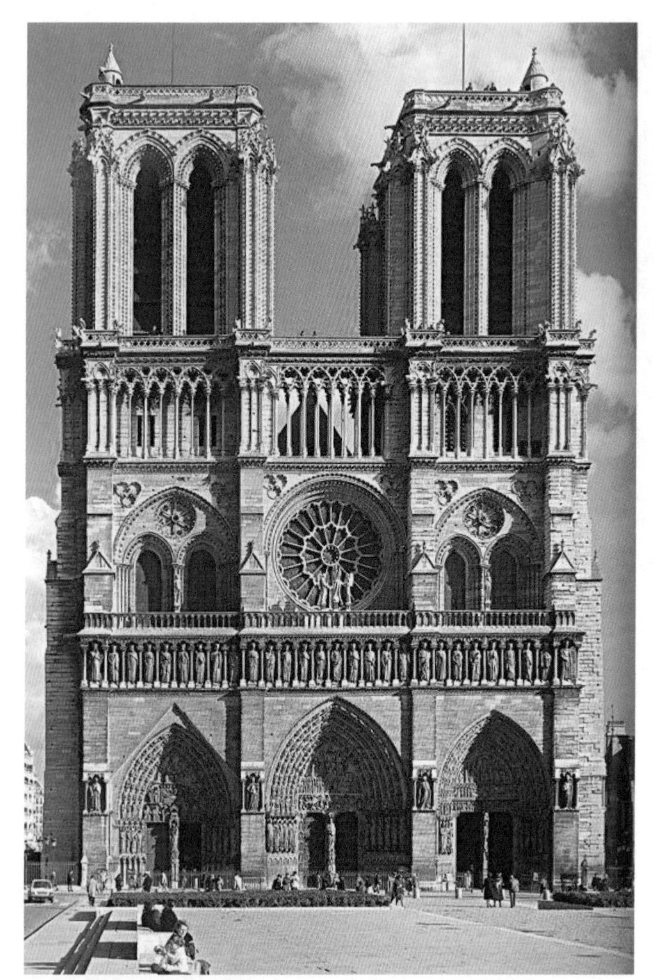

图4-22 巴黎圣母院正立面

图4-23 玫瑰花窗

3. 彩色玻璃窗

彩色玻璃窗是哥特式教堂建筑最具特色的装饰。工匠们用彩色玻璃在整个窗子上镶嵌一幅幅的图画，每一幅都在讲述一个宗教故事。穿过彩色玻璃透入教堂内部的光影如梦似幻，大大渲染了教堂的神秘气氛。

4. 富有装饰的建筑外观

与清冷素简的内部空间形成鲜明对比的是极富装饰性的建筑外观，华丽的山花、龛、华盖、小尖塔等装饰布满外观；大门及其周围布满雕刻，题材有圣徒像、《新约》故事，也有人们的日常生活场景和民间故事。

代表作品：巴黎圣母院

巴黎圣母院是中世纪欧洲最著名的教堂，也是法国哥特式建筑的典范。它位于巴黎塞纳河中的城中岛上，入口向西，前面的广场是市民的集市和节日欢庆活动的中心。教堂平面宽约48米，深为130米，可容纳近万人，它于1163年奠基，1250年建成，高达90米，耗费近90年时间。

巴黎圣母院的正立面很美，是典型的哥特式双塔楼构图：底层有深深内凹的三座尖拱券门，券门内侧的层层线脚中布满雕像。中层正中有一个象征天国的玫瑰花窗，直径近13米，用石板镂空雕成，镶嵌彩色玻璃，左右大尖拱下各有两个窗子，从彩色玻璃窗射进来的迷离光影增加了宗教的神秘氛围（图4-22、图4-23）。上层左右各耸立一座塔楼（但楼顶没有尖塔，可能没有建成），也各有两个尖拱窗，很高。在下层和中层之间的横带上刻着26个国王像，又瘦又高。中层与上层之间有一排透空装饰尖拱。它们把左中右三部横向联结起来。可以看出，尖拱、高窗、壁墩和高瘦的雕像都统一在一种向上的动势之中，垂直感很强，这正是哥特式建筑的特点。在巴黎圣母院内部，长达127米的中厅宽只有12.5米，高却达30多米，空间十分竖高，上面也交织着尖拱。内部的柱券结构全部裸露，一切部位都由富于升腾动势的垂直线条所统贯，筋骨嶙峋，极尽峻峭清冷，体现着宗教精神（图4-24、图4-25）。但教堂内部由于结构体系的条理井然，荷载传递关系严谨明确，又流露出与神秘

图 4-24 中厅内景

图 4-25 教堂内部的雕饰

的宗教思想对立的科学理性精神。

五、古典优雅——文艺复兴建筑艺术赏析

14世纪以后，欧洲进入了文艺复兴时代，一批伟大的艺术家与建筑家脱颖而出，创造了一个艺术与建筑并济发展的辉煌时代。15世纪佛罗伦萨大教堂的建成，是文艺复兴建筑的开端。文艺复兴时期的建筑艺术具有以下几个特点。

1. 人本主义倾向

古罗马特别是中世纪建筑具有超人的尺度，巨大的体量和内部空间往往压抑人的精神，而文艺复兴时期的建筑首先恢复了古希腊建筑的主要特征，建筑比例关系遵循人的尺度。

2. 兼容的建筑风格

文艺复兴时期的建筑师在反神权思想鼓舞下对古罗马建筑的重新发现和认识，使古典建筑艺术走向了高潮。文艺复兴建筑多采用拱券结构，古典柱式重新成了控制建筑布局和构图的基本元素。而在这一总的时代风格下，众多建筑巨匠，如伯鲁乃列斯基、伯拉孟特、拉斐尔、米开朗基罗、帕拉第奥等在作品上追求鲜明个性，创造出了多样化的建筑艺术。

3. 数理美学的应用

文艺复兴时期建筑艺术的一大特点是强调数理美学的应用。建筑师极力寻求一种秩序和规律，认为建筑的整体与各部分之间应该按照精确的比例和关系协调起来。这一时期的建筑采用一种建立在基本数学关系上的空间量度，建筑外观也追求和谐有序和形式的完美。

4. 静观式美学效果的复兴

早期的文艺复兴建筑注重赋予空间理性和秩序，16世纪文艺复兴时期的建筑排除一切有动感的视觉诱导因素，使空间形式恢复了内部与外部空间的对立的古老形式，墙体厚重坚实，装饰要素富有雕塑感，极力表现建筑的体积感，建筑的线、面、体及其装饰的表现手法，并强调整体的组织和统率作用，追求体量上沉重、规整的均衡感，表达出强烈的纪念性。

代表作品一：佛罗伦萨主教堂

佛罗伦萨主教堂是13世纪末为纪念平民从贵族手中夺取政权、共和政体的胜利而建造的。尤其值得一提的是这座教堂的大穹顶，它的设计和建造过程、技术成就和艺术特色都体现着新时代的进取精神，被称为文艺复兴的“报春花”（图4-26）。穹顶由著名建筑师菲列波·伯鲁乃列斯基设计。它架设在歌坛上方约55米高处，直径达42米，尖顶距面约91米。与古罗马和拜占庭穹顶那种半露半掩的形象不同，佛罗伦萨主教堂把穹顶作为重要的造型手段。为了突出穹顶，特别在穹顶下加造了一段高达12米的八边形鼓座。穹顶本身也是八边形，采用双圆心形制，可以减少顶的侧推力，同时增加高耸雄伟的效果。结构为双层骨架券，在外层各券交汇的顶点坐落着采光亭。整个穹顶的总体外观稳重端庄、比例和谐、没有飞拱和小尖塔之类的装饰，水平线条明显。穹顶建成后总高达107米，成为整个城市的中心，那饱满而富于力量美的造型，彰显着文艺复兴时期的首创精神和豪迈气概（图4-27）。

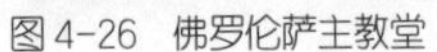
图4-26　佛罗伦萨主教堂

图4-27　从钟楼看教堂大圆顶

佛罗伦萨主教堂是由主教堂、礼拜堂和钟楼组成的建筑群。钟楼体积约有13.7立方米、高84米，由意大利文艺复兴初期的大壁画家乔托设计，故又名乔托钟楼（图4-28）。主教堂的西立面、礼拜堂和钟楼的外墙全部用绿色、白色及红色的大理石饰面，上面加上精美的雕刻、马赛克和石刻花窗，呈现出非常华丽的风格（图4-29、图4-30）。这座美丽教堂将文艺复兴时期所推崇的古典、优雅、自由诠释得淋漓尽致，被命名为“花之圣母”，连教皇也惊叹其为“神话一般”。

图4-28　左为礼拜堂，中为主教堂，右为钟楼

图4-29　教堂外墙的雕刻和窗饰

图4-30　教堂内景，穹顶壁画为《最后的审判》

代表作品二：坦比哀多

罗马的坦比哀多是盛期文艺复兴建筑纪念性风格的典型代表，建于1502～1510年。当时盛传圣彼得在这里殉难，故特别建造了这座建筑以为标记。在设计中，建筑师伯拉孟特从建筑物的纪念性出发，选择了古罗马的集中构图，平面为圆形。中央神堂外径6.1米，内径只有4.5米，墓室设在神堂地下。神堂上升起高2米的鼓座，上承造型饱满的穹顶，总高14.7米。在神堂外面，加建了一圈净空约1米的多立克式廊柱，柱高3.6米。柱廊顶部在鼓座外形成一圈平台，平台外缘特别装饰了一圈栏杆，使建筑外观展现为两层，夸张了建筑的高度，同时为穹顶做了铺垫和呼应。此外，柱廊与栏杆的存在也为体量不大的建筑物增加了层次和虚实变化，产生了丰富光影（图4-31）。在细部上，建筑师也作了最大的努力来取得完

图4-31　坦比哀多

美，如环廊上的柱子，经过鼓座上壁柱的接应，同穹顶的肋相首尾，自下而上一气呵成；鼓座上矩形格窗与半穹顶式壁龛交替安排，增加了构图变化。

整个建筑物的形式，特别是以高踞于鼓座之上的穹顶统率整体的集中式形制，在当时的西欧具有反哥特传统的特殊意义，获得了极大声誉，并对后世产生了深远影响。从欧洲到北美，几乎处处有它的复制品，大多用在大型公共建筑的中央，构成城市的轮廓。

代表作品三：圣彼得大教堂

意大利文艺复兴最伟大的纪念碑是罗马教廷的圣彼得大教堂，它也是世界上最大的教堂。教堂于1506年开始建造，历时120年才建成。教堂的建造充满了斗争，起初，伯拉孟特采用四臂等长的希腊十字集中式平面，由四角各一个小小的圆穹隆簇拥着中心大圆穹隆，并已开始施工。随后，拉斐尔迫于教会的压力，在它的前方设计了一个长长的大厅，总体又变成了拉丁十字。这个设计使大穹隆退居后部，被严重遮挡而不够突出。几经反复后教堂由米开朗基罗接手，它重振时代雄风，去掉大厅，仍恢复为集中式平面，把最初设计的穹顶修改得更加雄伟，16世纪中叶教堂终于建成。但在17世纪初宗教复辟潮流中，在它的前面最终还是加上了一个大厅，是由玛丹纳设计的。加上这个大厅的目的是使教堂可以容纳更多信徒，制造达于“彼岸”的气氛，这完全是宗教的要求，降低了人的创造力量。

但圣彼得大教堂仍不失为伟大时代的纪念碑。在圣坛上方升起的大穹顶在鼓座上高高耸立，雄伟刚健，直径达41.9米，总高竟达到137.8米，实现了一代人创造罗马有史以来最伟大建筑的宏愿。鼓座下四角有四座边长达18米的墩座，支持着圆形鼓座，在离地面76米处擎起鼓座和大穹顶，顶部冠以采光亭。与古罗马较为低平的半穹隆不同，大穹顶被特意拉长成半卵圆形，有许多有力的拱肋来强调它，拱肋与鼓座的双柱对位，结构逻辑一目了然，气质昂扬，健康而饱满。四角的较小穹顶与中央大穹顶呼应，更突出了大穹顶的统率地位（图4-32）。这个大穹隆对以后影响很大，一直到19世纪还不断被人仿造。

教堂的内部呈十字架的形状，在十字架交叉点处是教堂的中心，中心点的地下是圣彼得的陵墓，地上是教皇的祭坛，祭坛上方是金碧辉煌的青铜华盖，华盖的上方是教堂顶部的大穹顶，穹顶的周围及整个殿堂的顶部布满美丽的图案和浮雕。一束阳光从穹顶照进殿堂，给肃穆、幽暗的教堂增添了一种神秘的色彩。从高大的石柱、墙壁到拱形的殿顶，到处是色彩艳丽的图案、栩栩如生的塑像、精美细致的浮雕，彩色大理石铺成的地面光亮照人，具有强烈的巴洛克风格特征（图4-33～图4-35）。

1655～1677年，著名建筑师和雕刻家贝尔尼尼在圣彼得教堂前加建了一个由柱廊围合

图 4-32　圣彼得大教堂外观

图 4-33　青铜华盖，下面是教皇的座席

图 4-34　穹顶内景

图 4-35　富丽堂皇的教堂内部雕刻

的巴洛克风格的广场。广场平面是纵向梯形与横向椭圆形的组合，地面用黑色小方石块铺砌而成。两侧由两组半圆形大理石柱廊环抱，柱廊有4排粗重的塔斯干式柱子，共284根。柱廊檐头上立着87尊圣徒雕像。柱子密密层层，光影变化剧烈，广场内精心布置了方尖碑和喷泉，规模宏大，与教堂很相称（图4-36、图4-37）。

图4-36　从穹顶顶部眺望圣彼得广场

图4-37　广场柱廊

图4-38　空中俯瞰圣马可广场

代表作品四：圣马可广场

威尼斯的圣马可广场是世界最著名的广场之一，从13世纪起，四周的建筑便陆续开始营造，到16世纪文艺复兴时期，广场才基本形成。

圣马可广场平面呈不规正的曲尺形，它大体上是三个梯形空间的组合（图4-38）。从南边大运河沿岸进入广场，经过一对顶部饰有雕像的圆柱，便进入了次广场。这里东侧是著名的总督府，西侧是文艺复兴时期建的圣马可图书馆。两座建筑的底层均为券柱式的空廊，有着较强的动态韵律感。前方左面耸立着高达100米、尖顶掠云的大钟楼，右面便是金光闪烁的圣马可教堂的大穹隆顶，它们指引着人们继续前进（图4-39、图4-40）。转过教堂突出的墙角就是梯形的大广场，它纵深175米，宽边90米，窄边56米，宽边正中坐落着广场的主体建筑圣马可教堂，两侧为新、旧两幢市政大厦，形成合围之势，底层均作连续拱券柱敞廊，节奏整齐划一，与教堂华丽多姿的立面形成对比（图4-41）。教堂北侧还有一块面积较小的梯形空间，它是主广场的分支，常为市民游息、约会和自由集中的场所。

这一组三个梯形空间既分又合，充分考虑到人、建筑和广场之间的比例和尺度关系的谐调，它们不仅满足了市民公共活动的需要，而且也为人们提供了观赏建筑、雕像等艺术作品的良好视域。广场四周的建筑群高低大小及风格均不相同：教堂为拜占庭风格，秀丽的总督府是哥特式的变种，政府办公楼和图书馆又是文艺复兴的建筑，但它们均统一于整个广场的空间构图（图4-42）。特别是立于教堂西南角的大钟楼，是建于10世纪的较朴素的哥特式的高耸建筑，在构图上起着统率全局的主导作用，同时又是这一海港城市极有艺术魅力的“航标”和“灯塔”，近千年来指引着无数海上来客汇聚到它的脚下。

图 4-39　从运河远眺水广场

图 4-40　水广场东侧的总督府是最美丽的哥特式建筑

图 4-41　围合感很强的大广场

图 4-42　广场周边风格迥异的建筑统一于整个广场的空间构图

广场又以拥有许多美丽的古代艺术品而著称，场内及四周敞廊中装点着许多雕像、灯柱、旗杆等建筑小品，它们造型优美，雕刻精细。当年拿破仑攻占了威尼斯之后，曾被圣马可广场的美丽所吸引，称它为“欧洲最美丽的客厅”。

六、富丽堂皇——巴洛克建筑艺术赏析

巴洛克风格盛行于17世纪的欧洲，其名称的原意为“畸形的珍珠”，是17～18世纪在意大利文艺复兴的基础上发展起来的一种建筑艺术风格，是对文艺复兴建筑的一种反叛和补充。巴洛克建筑艺术的主要特点是：

1. 炫耀财富

大量使用贵重的材料。充满装饰，彩色艳丽，珠光宝气。

2. 追求新奇

建筑外形自由，空间处理上追求动感和空间渗透感，不顾结构逻辑，采用非理性组合，如折断的檐口，三角形山花内再套用拱券，大量采用曲线、曲面和涡卷，赋予建筑以动态，取得反常的幻觉效果。

图4-43　圣卡罗教堂的椭圆形穹顶

图4-44　流动感极强的教堂内部空间

图4-45　圣卡罗教堂外观

3. 装饰手法独特

巴洛克建筑大量使用壁画和雕刻，并且打破建筑、雕刻和壁画的界限，使它们相互渗透，制造强烈的动态效果。

代表作品：罗马圣卡罗教堂

该教堂建于1638～1667年，其构思和实际效果都表现出典型的巴洛克风格特征。教堂位于罗马市内街区一个拐角处，地段促狭。建筑的布局十分巧妙，其平面设计摒弃了文艺复兴时期惯用的严格的几何构图，中厅平面由一个椭圆与四个叶瓣形以曲线对接而成（图4-43）。室内没有直线，全都是曲线和曲面。柱子的安排伴随曲线或凸前或退后，十分自由。在垂直方向，柱子承接拱券，拱券举起穹顶，层层高起；在水平方向，主空间与周围形状不规则的小祈祷室等附属空间相互渗透，波光流转，变化丰富。室内线脚繁多，装饰复杂，使用大量雕刻和壁画，璀璨缤纷，富丽堂皇（图4-44）。

这种不安定的特点在圣卡罗教堂外立面上也得到了忠实的体现：正立面向西，三开间，两层，平面凸出凹进，像流动的波浪；立面装饰着大量动植物雕刻、栏杆、假窗及奇形怪状的图案，上层中央一个大盾牌打断了檐口。拐角处装饰着小池、凹龛、人物雕刻，屋顶耸出一座高高的方形塔楼，造成轮廓的起伏变化。塔楼的每个边线也都向内凹进，与西立面取得一致。圣卡罗教堂的整个外观仿佛是它内部空间与外部环境的相互碰撞的结果，它的活泼、欢快而极富新奇的特征，对其他巴洛克建筑产生了重要影响（图4-45）。

七、严谨理性——古典主义建筑艺术赏析

17世纪与意大利晚期文艺复兴风格、巴洛克风格并进的还有遵循古典法式的法国古典主义建筑风格。为利用建筑体现君王权威，法国古典主义建筑更多崇尚的是意大利文艺复兴的理性主义，古典式样成了学习的楷模，弥漫着一种堂堂大度的贵族气派。路易十四时期是法国古典主义的盛期。古典主义建筑的艺术特点体现在以下几方面。

1. 讲究轴线对称与主从关系

在总体布局与建筑平面、建筑立面构图上，法国古典主义都极力强调轴线对称，分清主从关系，突出中心和采用规则的几何形体。

2. 强调基于严格数学计算的比例和数量关系的精确性

例如各部分之间的严格数学关系，简单几何图形的采用等。

3. 追求雄伟庄严的气势

古典主义建筑的立面造型强调统一与稳定，通常采用纵横各三段的构图手法，象征平稳而安定。它强调外形的端庄与雄伟，借以显示君权的至高无上。

4. 内部装修和陈设尽显奢侈与豪华

在空间处理上，古典主义建筑吸取了巴洛克艺术的不少特征。

代表作品一：卢浮宫东立面

路易十四时代完成的卢浮宫东立面改造是古典主义建筑的典型例证。卢浮宫位于巴黎市中心，坐东向西。它的东立面隔着广场对着一座重要教堂，建成以后，令人很不满意，后被按照古典主义的原则不断改建重建。重建以后的东立面长达172米，高28米，有中、左、右三个重点，三者之间为连接体，形成横向五段；纵向则划分为基座、柱廊和檐口三段，以中段雄伟的双柱式大柱廊为主。在立面正中即横向五段的中段加三角形山花，统领全局，整个立面几何关系明确，构图色彩都简洁清晰。各部垂直和水平划分都有严格的几何数量关系，绝对对称，充满理性精神（图4-46）。

图4-46 卢浮宫东立面

代表作品二：凡尔赛宫

凡尔赛宫原是法国国王路易十三的一座猎庄，在巴黎市西南郊，路易十四时代扩建为欧洲最大的宫殿，成为当时国家的政治中心。凡尔赛宫宫殿为古典主义风格建筑，坐东朝西，建造在人工堆起的台地上，南北长400米，中部向西凸出90米，长100米。立面为标准的古典主义三段式处理，即将立面划分为纵、横三段，建筑左右对称，造型轮廓整齐、庄重雄伟，被称为是理性美的代表（图4-47～图4-50）。其内部装潢则以巴洛克风格为主，少数厅堂为洛可可风格。

凡尔赛花园布置在宫殿的西面，占地670公顷。以建筑轴线为主轴线，长约3千米，是整个园林的构图中心，华丽的植坛、精彩的雕像、壮观的台阶和辉煌的喷泉均集中在轴线上或两侧（图4-51）。中轴线两侧，对称地布置次级轴线，与宫殿的立面形式呼应，并与几条横轴线构成园林布局的骨架，编织成一个主次分明、纲目清晰的几何网络，满足古典主义美学构图统一的要求，体现绝对君权的政治象征意义（图4-52）。

图4-47 凡尔赛宫东侧立面

图4-48 东立面细部

图4-49 从花园看凡尔赛宫西立面

图4-50 西立面细部

图4-51　凡尔赛花园的主轴线景观

图4-52　凡尔赛花园航拍照片，清晰地反映了园林的几何构图关系

八、杂糅并蓄——折衷主义风格建筑艺术赏析

19世纪中叶之后，为满足新兴资产阶级在政治、享乐和炫耀财富的需要，建筑艺术风格开始发生变化，即从古典主义转向折衷主义。建筑师自由大胆地模仿各种旧有建筑风格，取其特征元素加以自由组合，用剪接拼贴的方法来推陈出新，不拘一格的同时也追求比例均衡和形式美观，因而也被称为“集仿主义”。在这段时期，只要需要，古代所有的建筑样式似乎都可以被借用，在英国出现了模仿哥特式建筑的浪漫主义风格，也称哥特复兴，而在德国则更推崇希腊复兴风格（图4-53、图4-54）。

代表作品：巴黎歌剧院

1861～1874年建成的巴黎歌剧院是法国折衷主义的纪念碑。它的艺术特点主要表现在立面设计和室内装饰上。立面基本上是古典主义的，但布满了巴洛克构件和雕饰（券洞、双壁

图4-53　柏林老博物馆，纯正的古希腊柱式与单纯的几何轮廓完美结合，是希腊复兴的杰出作品

图 4-54　英国议会大厦采用了垂直哥特式风格，高耸的塔楼和复杂的直线将视线导向天空

柱、栏杆、弧形的山花和雕刻），设计手法娴熟自如（图4-55）。观众厅的顶部耸起，顶上有一座皇冠式的扁平穹隆。门厅和休息厅更是花团锦簇、极尽华丽，巴洛克和洛克克式的雕塑、绘画、柱灯、烛台等遍布天花、墙面、楼梯和每一处空间角落，雍容华贵，珠光宝气，就像一个豪华的首饰盒，令人目不暇接（图4-56～图4-58）。

图 4-55　巴黎歌剧院正立面

图 4-56　巴黎歌剧院观众厅

图 4-57　巴黎歌剧院休息厅内景

图 4-58　巴黎歌剧院门厅大楼梯

第五部分 现代建筑艺术赏析

对建筑艺术家来说，建筑设计中老的经典已经被推翻，如果要与过去挑战，我们应该认识到，历史上的过往样式对我们来说已经不复存在，一个属于我们自己时代的新的设计样式已经兴起，这就是革命。

——勒·柯布西耶（Le Corbusier）

一、现代建筑的诞生

现代建筑的历史主要指脱离了古典主义和文艺复兴风格的建筑发展阶段。

早在19世纪中叶，随着工业革命的成功与社会经济的发展，建筑艺术试图摆脱传统束缚的尝试已经开始。运用新的材料，建造具有较大跨度或高度的工业、交通与展览或交易建筑，成为一时的时尚。1851年在伦敦“万国博览会”上，由园艺师帕克斯顿设计的完全采用玻璃和预制铁架成功建构的“水晶宫”（图5-1），预示着建筑历史的新纪元已经到来。1889年建成的埃菲尔铁塔（图5-2），高达328米，全部用钢铁建造，并安装了水力升降机。

图5-1　水晶宫内景，建筑面积共7.4万平方米，内部形成了一个前所未有的开敞明亮的大空间

图 5-2　埃菲尔铁塔

图 5-4　米拉公寓，高迪的代表作之一，墙体像波涛汹涌的海面，富有动感

图 5-5　彼得·贝伦斯 1909 年设计的德国通用电气公司透平机车间，造型简洁，摒弃了多余装饰，被称为第一座真正的“现代建筑”

图 5-3　塔赛尔旅馆是新艺术运动的代表作，仿自然界花木造型的铁质构件、悦目的曲线楼梯、天花板及墙面的优雅装饰，给人以新颖、和谐的美感

铁塔以其昂扬挺拔的气势、空前的高度和全然不同于欧洲传统石头建筑的新颖形象，证明了建筑艺术应该随时代的前进而前进，促进了建筑观念的更新。

其时，旧典范已经动摇，新典范还有待确立。在创新的道路上，一时呈现出颇为生动的局面。比利时的“新艺术运动”涉及绘画、工业设计、建筑、室内设计等领域，基本特征是简洁的骨式造型和自然化草木形态的流动曲线相融合，并具有精湛的制作工艺（图5-3）。这种设计观念和样式在当时产生了巨大的影响，形成了那个时代独有的风尚；西班牙建筑师安东尼·高迪（Antoni Gaudi）汲取东方伊斯兰的韵味和欧洲哥特式建筑结构的特点，再结合自然的形式，创造了独具特色的极富浪漫主义色彩的塑性造型（图5-4）；德国的“德意志制造联盟”注意建筑艺术与现代工业的结合，对之后的建筑艺术产生了很大影响（图5-5）；荷兰的风格派主张艺术“需要抽象和简化”，一直简化到直线、矩形和原色，以强调“纯洁性、必然性和规

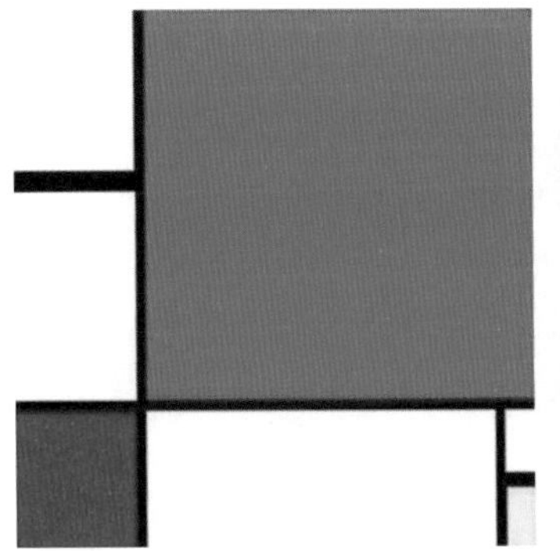

图5-6　蒙得里安绘画代表作

图5-7　乌德勒支住宅的立面，由一些不同方向、不同比例的方块和长方块穿插而成，构图充满了大小、方向、形状的巧妙穿插和对比，绝不对称，似乎就是蒙德里安式绘画的立体化

图5-8　构成派风格的室内空间与家具

律性”（图5-6～图5-8）；在德国还有一个表现主义流派，强调建筑艺术家主观激情的表现（图5-9）。此外，美国“芝加哥学派”、意大利的未来主义、法国的立体主义、俄国的构成派等，在建筑上也都进行着各种探索。

如果说，20世纪初以来包括表现派和风格派在内的大部分新艺术流派对于建筑的探索还只是更多注目于外在的形式方面，仍属于现代建筑的前期；那么，从德意志制造联盟继续下来的包豪斯学派，就真正触及了现代建筑的实质性内容，是成熟的建筑运动了。包豪斯的信念是“在手艺、雕塑和绘画之间没有界限，一切归于一项——建筑艺术”。包豪斯成了当时欧洲最激进的艺术和建筑中心之一。1928年，来自12个不同国家的革新派建筑师在瑞士集会，成立国际现代建筑协会，标志着“现代主义建筑”正式登上20世纪的艺术舞台。到20世纪中叶，现代主义建筑思潮以美国为中心，在世界建筑潮流中占据了主导地位。

图5-9　爱因斯坦天文台，由建筑师门德尔松（Eric Mendelsohn）设计，它的最大特点是大量使用曲线曲面，造成一种流动的、可塑的效果，具有一种神秘的幻想气质

二、现代主义建筑的基本特点

现代主义建筑的指导思想是要使当代建筑表现工业化的精神。虽然现代建筑存在着不少流派，但其基本观点是：

第一，强调功能。提倡“形式随从功能”，设计房屋应自内而外，先平面、剖面，后设计立面，建筑造型自由且不对称，形式应取决于使用功能的需要。

第二，注意应用新技术的成就，使建筑形式体现新材料、新结构、新设备和工业化施工的特点，建筑外貌应成为新技术的反映。

第三，体现新的建筑审美观，建筑艺术趋向净化，摒弃折衷主义的繁琐装饰，建筑造型要成为几何体形的抽象组合，简洁、明亮、轻快是它的外部特征。

第四，注意空间组合并结合周围环境。流动空间论、通用空间论、有机建筑论和开敞布局都是其具体表现。

在现代建筑旗帜下集结着各色各样的追随者，但在不同流派、不同创作倾向的作品中依然可见其在建筑风格方面的共性，即在纷繁的形态中蕴含着对功能和空间本质的追求。

三、流派赏析

（一）功能主义

功能主义的总特点是更加重视功能问题的合理解决和强调冷静而理性地面对创作，所以又被称为“理性主义”。功能主义提倡形式追随功能，反对装饰，充分肯定机器和技术的作用和地位，排斥个性化，关注光与影所产生的艺术效果。

以格罗庇乌斯、密斯·凡·德罗、勒·柯布西耶为代表的现代派建筑师，在建筑上提倡并采用了一种以简洁、明快与方整的外形，通透、穿插与流动的空间为特征的，摒弃地区与传统差异的所谓“国际式”建筑风格。这种简单方盒子式的建筑风格，在第二次世界大战结束后的20世纪50年代迅速蔓延到世界的几乎每一个角落，并一直影响至今。

代表作品一：包豪斯

包豪斯是1919年现代主义建筑大师格罗庇乌斯（Walter Gropius）创办的一所建筑工艺学校的名字。1926年，在德国魏玛建成的由格罗庇乌斯设计的新校舍，是包豪斯学派的代表作。设计者首先从功能出发来布置建筑之间的关系，同时综合解决建筑艺术问题。它与复古主义的设计程序——先预定一个传统的、一般总是对称的形象，再在里面填塞各种用途的房间——完全不同，被称为“由内而外”和“功能决定形式”的设计方法。它充分利用了混凝土、玻璃等新材料和框架结构等提供了全新的建造可能性，采用简洁的平顶、大片抹灰墙和玻璃窗，细致地设计了条窗、雨罩、挑台和窗格的比例，使建筑显现出清新、简洁、朴素的现代风格（图5-10、图5-11）。设计者强调建筑本身的体形美和材料的本色

图5-10　包豪斯新校舍，虚实对比的建筑造型

图5-11　包豪斯新校舍，简洁明快的现代风格建筑

图 5-12　萨伏伊别墅外观

图 5-13　从室内看屋顶花园，室内外空间相互渗透

图 5-14　屋顶花园

图 5-15　室内折形坡道

美及各单体之间高低、大小、方向和虚实的对比，空间丰富多样，也明确显示了各部分的有机联系，并摒除了多余的装饰。这样的建筑到现在似乎已经显得很平常了，但出现在距今90年以前，却具有里程碑的意义。

代表作品二：萨伏伊别墅

萨伏伊别墅位于巴黎近郊的普瓦西，1928年设计，1930年建成。它是现代主义建筑的经典作品之一，也是勒·柯布西耶的成名作，充分体现了现代建筑的五点追求：底层架空、屋顶花园、自由平面、自由立面及长条形窗。

建筑采用了钢筋混凝土框架结构，平面和空间布局自由，空间相互穿插，内外彼此贯通。别墅轮廓简单，像一个白色的方盒子被细柱支起。水平长窗平阔舒展，外墙光洁，无任何装饰，但光影变化丰富（图5-12）。其内部空间复杂，如同一个内部精巧镂空的几何体，又好像一架复杂的机器。柯布西耶使用动态的、开放的、非传统的空间句法，尤其是用螺旋形的楼梯和折形的坡道来组织空间。在这里，空间成为建筑的主角。动态的室内外空间，在传统空间的三维度上增添了人在其中连续位移而产生的时间因素（第四维度），使建筑空间呈现出更多的变化（图5-13～图5-15）。

（二）密斯风格

密斯风格是以现代主义建筑大师密斯·凡·德罗（Mies van der Rohe）为代表的一种设计流派。它在建筑艺术上有以下特征：

（1）讲求技术精美，强调简洁、严谨的细部处理手法，忠实于结构和材料。

（2）主张以结构不变适应功能变化，要求功能服从结构。

（3）主张净化建筑形式，形式不是目的，而是一种结果，是结构的表现。

（4）钢和玻璃的结合是其外在形式。

密斯风格的代表作品有巴塞罗那世界博览会德国馆、伊利诺斯工学院建筑系馆、范斯沃斯住宅、柏林新国家美术馆、西格拉姆大厦等。这种创作风格在20世纪60年代末开始降温。一方面由于浪费能源；另一方面，由于盛行一时而造成了千篇一律的结果。

代表作品一：巴塞罗那博览会德国馆

1939年西班牙巴塞罗那世界博览会德国馆是密斯·凡·德罗的杰作。全馆坐落在一个大石座上，主馆在右边，由8根细细的十字形钢柱支承着一块24米×14米的屋面板，柱网内外有几块大理石、玛瑙石和玻璃光墙片。最右端的外墙伸到屋面以外，围出一个竖向长条小水池，池后端有一座雕像。左边后面是办公室，前面是一个横向大水池。左、右之间用一片长墙联系起来（图5-16～图5-18）。除了办公室有几张桌椅外，室内几乎空无一物，建筑本身就是唯一的展品。该建筑被人们认为是可以凭此同历史上的伟大建筑进行较量的为数不多的几座现代建筑经典作品之一。

德国馆的成就首先体现在空间的创造方面：它打破了传统的六面体空间概念，出现了一个欧洲古建筑中未曾有过的“流通空间”。所有空间都无以名状、界限模糊、互相穿插并渗透到室外。从这里我们似乎又察觉到了风格派的影子：它的平面就像是一幅蒙特里安式绘画，但密斯却把绘画的二度平面延伸到建筑的三度空间。

各种构件直接撞接，没有任何过渡和装饰，绝对的简洁，但加工却极其精美，这是德国馆的又一特点。密斯希望以这种方式来充分揭示材料和结构的本色美，体现他在1928年提出的著名格言“少就是多”。

图5-16　巴塞罗那博览会德国馆俯瞰图

图 5-17　巴塞罗那博览会德国馆外观

图 5-18　巴塞罗那博览会德国馆室内，透过玻璃墙看雕塑水池

代表作品二：范斯沃斯住宅

范斯沃斯住宅坐落在一块 3.9 万平方米的绿地上。住宅的构思别具一格，是一个全玻璃的方盒子，地板架空，从地面抬高约 1.5 米，这是为了预防洪水而设的。以 8 根工字钢柱夹持一片屋顶和地板，四面是大玻璃。中央有一小块封闭的空间，里面安排浴室、厕所等。除此之外，室内无固定的分割。主人起居、餐饮等都在四周通敞的空间之中。建筑的构造及细部都经过了精心的推敲，仿佛一只晶亮的玻璃盒子。静谧的四周环境和轻巧、通敞的外观造型，使整个建筑具有日本传统亭榭的效果（图 5-19、图 5-20）。

图 5-19　范斯沃斯住宅外观

图 5-20　范斯沃斯住宅室外平台

范斯沃斯住宅的纯净与精美是无可否认的，它与自然环境的结合也处理得极其谐调。但是，这种住宅只能适用于周围有大片绿化土地的空旷地段。它的造型和自然环境相配，相得益彰，然而对于住宅的私密性、居住的舒适性却是考虑得太少了。

（三）有机建筑

以美国建筑师赖特（Frank Lloyd Wright）为代表的有机建筑论是现代建筑运动中另一种建筑潮流。它代表非主流的反工业化的设计思想，并表现出自然化审美、有机性表现和非理性追求的美学倾向。其艺术特点如下：

（1）强调建筑内外空间与自然环境的有机统一，注重发挥天然材料的特性。

（2）追求空间的自由性、连贯性和一体性，主张“开放布局”。

（3）有机建筑是一种由内而外的建筑，它的目标是整体性。意思是说局部要服从整体，整体又要顾及局部。在创作中必须考虑特定环境中的建筑性格。

赖特在美国西部地区建筑自由布局的基础上，融合了浪漫主义精神而创造的富于田园诗意的草原式住宅就体现了这种有机建筑的思想。这一系列别墅为配合平原的景观，采用了坡度平缓的屋面、深远的挑檐和层层叠叠的水平阳台与花台，并强调空间的开阔感，材料也多表现砖石的朴素（图5-21）。

图5-21　罗比住宅，赖特草原式住宅的代表作之一

代表作品一：流水别墅

流水别墅1936年建于美国匹兹堡郊外。别墅架在一处小瀑布上，周围都是山石林木，环境极为幽美。阳台和平台占据了将近一半的面积，给主人提供了尽可能接近自然的机会。底层是一个向左右伸展的大挑台，二层则是向前后伸展的大挑台，后部高高竖立着几片粗石墙，把这些水平方向的挑台统束起来。左右、前后、上下，三个向量形成有趣的对比。平台及其栏墙光平洁白，石墙则粗犷并呈暗褐色，又有着质感和色彩的对比，再加上大片阴影，使这座几乎全由简单立方体组成的建筑从各个角度看去都很动人（图5-22、图5-23）。建筑向各个方向尽量延伸，表达了人对自然的向往。

别墅内部空间流动多变，往往在室内某侧力求开敞，透过大片落地窗，把自然引入室内。起居室地面有意露出了一片原有山石，粗石砌的壁炉就在它旁边。有一株大树也被保留下来，穿过建筑，伸向天空（图5-24）。

建筑本身疏密有致，有实有虚，与山石、林木、水流紧密交融。人工建筑与自然环境汇成一体，交相映衬。流水别墅不仅是莱特本人作品中特别卓越的一例，也是20世纪世界建筑园地中罕见的一朵奇葩。

图 5-22　流水别墅外观

图 5-23　流水别墅的平台

图 5-24　流水别墅起居室内景

代表作品二：纽约古根汉姆博物馆

纽约古根汉姆博物馆是赖特的又一个经典作品。博物馆位于纽约市区，建成于1959年，周围都是方盒子式的高楼大厦。为避免一般多层博物馆参观路线被楼层打断的缺点，赖特别出心裁地将主厅设计成一个高约30米上大下小的圆筒形空间，底部直径28米，向上逐渐扩大，周围是盘旋而上的螺旋形坡道。展品陈列在缓缓的坡道上，观众自下而上或自上而下地沿着坡道边走边看，既没有分隔的展厅，也没有楼层的固定划分，观众不知不觉地在空间中流动参观。主厅顶部是花瓣形玻璃采光天窗。这个中空的圆形大厅是20世纪以来最大的集中式内部空间，川流不息的人群和开阔的空间令人兴奋不已（图5-25～图5-27）。

图 5-25　纽约古根汉姆博物馆外观

古根汉姆博物馆的外部非常朴实无华，只是将博物馆的名字装饰了一下。整个建筑外形仿佛倒置的海螺，似乎像一座巨大的雕塑而不是建筑物，与周围方盒子式的高楼大厦形成鲜明对比，充分体现了赖特对艺术个性化的追求。

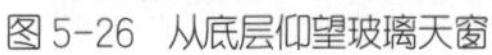

图5-26 从底层仰望玻璃天窗

图5-27 从顶层俯瞰圆形大厅和螺旋形坡道

（四）粗野主义

粗野主义是20世纪50年代下半期到20世纪60年代以现代建筑师勒·柯布西耶所设计的比较粗犷的建筑风格为代表的一种设计倾向。粗野主义在建筑中的主要特征有以下几点。

（1）以表现建筑自身为主，讲究建筑的形式美，认为美是通过调整构成建筑自身的平面、墙面、空间、车道、走廊、形体、色彩、质感和比例关系而获得的。

（2）把表现与混凝土性能及质感有关的沉重、毛糙、粗糙等特征作为建筑美的标准，在建筑材料上保持了自然本色。混凝土梁柱表面亦任其存在模板痕迹，不加粉刷，具有粗犷的性格。

（3）在造型上突出表现了混凝土的可塑性特征，建筑轮廓凸凹强烈，屋顶、墙面、柱墩沉重肥大。

代表作品：马赛公寓

马赛公寓建于1946年，是最早的粗野主义作品之一。大楼可容纳337户共1600人左右。建筑物长165米、宽24米、高56米，地面以上高17层，其中第1～6层和第9～17层是居住层，共有23种不同大小的户型。建筑为钢筋混凝土结构。内部平面布置采用跃层式，这是勒·柯布西耶最早的创造性尝试，各户均由自己的小楼梯上下，而且客厅空间较高，贯通两层。每3层有一条公共走廊，减少了交通面积。大楼的7、8层为商店和服务设施用房，在第17层和屋顶上设有幼儿园和托儿所，在屋顶上还设有儿童游戏场和小游泳池，此外，屋顶上还有供成人用的健身房和电影厅等。居民日常生活所需设施基本都能得到满足。

大楼的外墙是混凝土饰面，不加粉刷，不仅有粗犷的感觉，而且增加了坚实新颖的效果。在密格的内侧面还涂有不同的鲜艳色彩，以此减少一些沉重的气氛，增加一点活泼的感觉（图5-28、图5-29）。

（五）象征主义风格

象征主义作为一种流派成为20世纪60年代较为流行的一种建筑设计倾向。象征主义追求

图5-28 马赛公寓，底层架空，混凝土墙体上有意保留模板的痕迹，使建筑产生原始、粗糙的感觉

图5-29 马赛公寓内景

图5-30 纽约环球航空公司航空站，埃罗·沙里宁设计。混凝土曲壳塑造了一只振翅预飞的巨鸟，与建筑的功能相吻合

建筑个性的强烈表现，设计的思想和意图常寓意于建筑的造型之中，能引发人们的联想。象征主义建筑在满足功能的基础上，把艺术造型和环境设计作为首要考虑的问题。在具体设计中主要有具体象征和抽象象征两种形式。具象的象征易于从造型上为人们所了解，而抽象的象征则寓意于方案的联想。纽约环球航空公司航空站（图5-30）、悉尼歌剧院都是象征主义极具代表性的实例。而法国郎香教堂、华盛顿国家美术馆东馆则可以看作是具有抽象象征意义的作品。

代表作品一：澳大利亚悉尼歌剧院

悉尼歌剧院坐落在悉尼的一个半岛上，远远看去，既像海面上奔驰的白帆，又像一堆白色的贝壳。比起那些方方正正的传统剧院来说，它是美的、飘逸不凡的，富有诗情画意（图5-31）。

图 5-31　悉尼歌剧院侧影

图 5-32　弧形外墙的细部

图 5-33　从休息厅眺望城市风景

图 5-34　剧院内景

歌剧院方案的审议过程十分曲折，最终由当时名不见经传的丹麦建筑师约翰·伍重（John Utzon）的方案被选定为实施方案。剧院设在南接陆地巨大平台上，入口大台阶设在南面，宽达91米。平台上左边是歌剧院，右边是音乐厅，由两组各四片弧面组成屋顶，最高弧尖离地面67米。在向北临海的一面，都是大休息厅，可以眺望帆影鸥群。此外，在大平台西南角，另有一座由两片弧面覆盖的餐厅。所有弧面都贴以白瓷砖，平台用桃红色花岗石贴面（图5-32～图5-34）。大平台下面安排了许多排演厅、接待厅和陈列厅。由于结构太过复杂，施工也很困难，致使工期拖延了17年，造价超出预算14倍，于1973年才勉强建成。尽管评论界对这座建筑褒贬不一，但它已无可争议地成为悉尼市的标志和骄傲。

代表作品二：朗香教堂

1953年在法国的一个偏远乡村建造的朗香教堂是柯布西耶的又一杰作。这座只能容纳一二百人的乡村小教堂，形象奇特，墙和屋顶都是弯曲的，构成了一个极富塑性感的外观。南墙上杂乱地开着许多大大小小的窗洞，嵌着彩色玻璃，人们很难据以判断建筑是几层（事实是只有一层）。房顶看上去像是船底，墙顶和屋檐之间有一道窄缝，以体现墙体并不承重。从缝中也可以透进光线，内部充满了斑驳陆离的光影。东墙内凹，北墙和西墙向外凸出，北墙西端和西墙南北两端向内弯抱，形成三个“壁龛”，它们的墙向上耸出，成为三个手指样的“塔”。大门开在西墙南龛和南墙之间的夹缝中。墙用石砌，有粗糙的白色粉刷。屋顶用钢筋混凝土浇筑，挑出很远，又向上翻转，不粉刷，只涂棕色，有意露出木模板的粗痕（图5-35～图5-38）。

这是一座充满浪漫情调的建筑，一切都无以名状，人们很难用横平竖直等传统建筑观念去衡量它，说它更像是一座中空的抽象雕塑。它的粗野、怪诞，可以说是不符合传统定义上“美”的标准，甚至是不“美”的，但它却具有独特的艺术表现力。建筑师充分发挥了混凝土的高度可塑性，创造出出人意料的体形、动荡不安的曲面、梦幻般的神秘气氛。

图5-35　朗香教堂外观之一

图5-36　朗香教堂外观之二

图5-37　朗香教堂内景

图5-38　光影塑造出神秘的宗教气氛

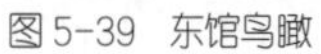
图5-39　东馆鸟瞰

图5-40　东馆入口外观

代表作品三：美国国家美术馆东馆

华盛顿国家美术馆东馆建于1978年，建筑位于一块3.64公顷的梯形地段上，东望国会大厦，南临林荫广场，北面斜靠宾夕法尼亚大道，西隔100余米正对西馆东翼。附近多是古典风格的重要性公共建筑。建筑大师贝聿铭（Ieoh Ming Pei）用一条对角线把梯形分成两个三角形，西北部面积较大，是等腰三角形，底边朝西馆，作为展览馆。三个角上突起断面为平行四边形的四棱柱体。东南部是直角三角形，为研究中心和行政管理机构用房。对角线上筑实墙，两部分只在第四层相通。这种划分使两大部分在体形上有明显的区别，但整个建筑又不失为一个整体（图5-39）。

展览馆和研究中心的入口都安排在西面一个长方形凹框中。展览馆入口宽阔醒目，它的中轴线在西馆的东西轴线的延长线上，加强了两者的联系。研究中心的入口偏处一隅，不引人注目。划分这两个入口的是一个棱边朝外的三棱柱体，浅浅的棱线，清晰的阴影，使两个入口既分又合，整个立面既对称又不完全对称（图5-40）。

从西大门进入东馆，这个等腰三角形建筑的中央是一个高24.4米的大厅。顶上是由25个三棱锥组成的钢网架天窗。自然光经过天窗上一个个小遮阳镜折射、漫射之后，落在华丽的大理石墙面和天桥、平台上，非常柔和。大厅中布置乔木、休息长椅和艺术品。大厅上方悬挂着出自抽象艺术家亚利山大·卡尔德（Alexander Calder）之手的动态雕塑，很像秋天的红枫叶。自然光从1500平方米大小的天棚上倾泻而来，使整个大厅显得气韵生动（图5-41）。各个展品陈列室环绕中央大厅而设。

东馆的设计在许多地方若明若暗地相似于西馆，但手法风格各异，其趣妙在似与不似之间。东馆内外所用大理石的色彩、产地以至墙面分格和分缝宽度都与西馆相同。但东馆的天桥、平台等钢筋混凝土水平构件用枞木作模板，表面精细，不贴大理石。混凝土的颜色同墙面上贴的大理石颜色接近，但纹理质感不同（图5-42）。

这座耗时10年，耗资近亿美元建成的“东馆”，被誉为“现代艺术与建筑充满创意的结合”。

图5-41 空间错落、光影变幻的大厅

图5-42 大厅墙面细部处理

（六）典雅主义

典雅主义又称新古典主义风格，主要流行于美国，重视吸收古典建筑庄重、严谨和高雅的构图手法和细部的精细处理，适当采用装饰，以创造出一种富于纪念性的典雅高贵的形象。但它并不照抄传统，这是典雅主义与旧古典主义的原则区别。代表作是爱德华·斯东设计的美国驻新德里的大使馆、肯尼迪表演艺术中心等。

代表作品：新德里美国驻印度大使馆

美国建筑师爱德华·斯东（Edward Durell Stone）设计的新德里美国驻印度大使馆1955年建成，是典雅主义较早和较典型的代表。大使馆主楼两层，平面类似于古希腊神庙，是一个修长的长方形，规规矩矩，围廊以短边为正面，七开间，均齐对称，建在一座大平台上。细细的金属柱子加工得很精美，支持着挑檐很大的平顶。柱廊里有两重外墙，外重用预制白色陶土块砌成花格，节点处饰以金灿灿的圆钉（图5-43、图5-44）。内重是玻璃幕墙。墙内两层办公室围合成一个带水池的庭院，种着树。水池上方悬挂着铝质遮阳网格。

图5-43 新德里美国驻印度大使馆外观

图5-44 入口柱廊的细部设计

主楼外部主要是白色，点缀着金色，在阳光下熠熠生辉，非常高贵端庄。柱间矮树的深绿色与它形成对比。可以看出，古典精神在这里有着明显的体现。从这里，除了可以看到古希腊的传统外，大使馆沉静的格调，白色和水池，都有泰姬陵的影子。

（七）地方风格

这种风格在北欧最先活跃，是20世纪20年代“理性主义”设计原则与北欧地方性与民族习惯的结合。北欧的政治与经济稳定，社会福利制度完善，建筑也一向比较朴素，因此出现了以芬兰建筑师阿尔瓦·阿尔托（Alvar Aalto）为代表的乡土派建筑风格。

地方风格具体表现为：

（1）在建筑材料上偏爱使用砖、木、石这些传统材料；

（2）在建筑造型上善用曲线和波浪形；

（3）在空间布局上主张不要一目了然，而是要有层次、有变化，要使人在进入空间的过程中逐步体会；

（4）在房屋体量上强调人体尺度，反对“不合人情的庞大体积”，对于那些不得不造的大型房屋，也主张在造型上化整为零，并注重与周围环境的密切配合。

图5-45　珊纳特赛罗城镇中心市政厅入口外观

代表作品：珊纳特赛罗城镇中心市政厅

珊纳特赛罗城镇中心市政厅建于1952年，是芬兰建筑大师阿尔瓦·阿尔托创作的成熟时期的代表作，这一时期也被称为“红色时期”。这时期中他常喜欢用自然材料与精细的人工构件相对比，建筑外部常用红砖砌筑，造型自由弯曲，变化多样，且善于利用地形和自然绿化。室内强调光影效果，形成抽象视感。

珊纳特赛罗城镇市政厅的建筑平面为“方套方”：方形总平面、方形内院，内院东面又是方形会议室。方形平面分为四个部分，都是两层，环绕方形内院布局。主入口在东南角，上覆盖花架，生机勃勃。西面是自由式大阶梯，上边铺满草地，阶梯把路人引入内庭（图5-45）。

这座建筑最重要的部分是会议室，会议室位于地势最高处，极为显眼。光线从双层木质高窗泻进室内，使室内空间生动活泼。顶部木构架既是结构构件，也是重要的室内装饰（图5-46、图5-47）。整个室内（包括设备、家具、灯光）都由阿尔托精心设计。室外和室内的主要材料是裸露的红砖。红色粗糙的墙体掩映在葱葱郁郁的绿色环境中，使建筑与自然环境既形成强烈对比，又密切相融。这不仅与当时芬兰战后资源贫乏有关，也是阿尔托对意大利古镇风格的迷恋，“将乡土的和古典的形式融汇到一种原始且更真实的表现形式之中”。

图 5-46　充满乡土特色的室内空间

图 5-47　会议室顶部造型独特的木构架

（八）高技派

高技派建筑风格是在建筑风格上注重表现高科技的一种流派。以现代先进技术为手段，采用预制装配化构件的建筑，极力表现新材料及新结构的特性，并在理论上极力宣扬机器美学和鼓吹新技术的美感。

代表作品：蓬皮杜艺术和文化中心

蓬皮杜艺术和文化中心位于法国巴黎市中心区，距卢浮宫和巴黎圣母院各约 1000 米。由英国建筑师理查德·罗杰斯（Richard Rogers）和意大利建筑师伦佐·皮亚诺（Renzo Piano）合作设计，建成于 1977 年，被公认为高技派最早期、最为重要的代表作之一。

图 5-48　蓬皮杜中心外观

蓬皮杜中心主要包括四个部分：公共图书馆、现代艺术博物馆、工业美术设计中心、音乐和声响研究中心。除音乐和声响研究中心单独设置外，其他部分集中在一幢长166米、宽60米的6层大楼内。大楼的每一层都是一个长166米、宽44.8米、高7米的巨大空间。整个建筑物由28根圆形钢管柱支撑。

蓬皮杜中心外貌奇特。钢结构梁、柱、桁架、拉杆等，甚至涂上颜色的各种管线都不加遮掩地暴露在立面上。人们从大街上可以望见复杂的建筑内部设备，琳琅满目。在面对广场一侧的建筑立面上悬挂着一条巨大的透明圆管，里面安装有自动扶梯，作为上下楼层的主要交通工具（图 5-48、图 5-49）。设计者把这些布置在建筑外面，目的之一是使楼层内部空间不受阻隔。建筑内部除去一道防火隔墙以外，没有一根内柱，也没有其他固定墙面。各种使用空间由活动隔断、屏幕、家具或栏杆临时大致划分，内部布置可以随时改变，使用灵活方便（图 5-50）。

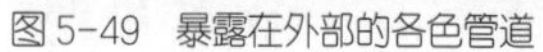

图 5-49　暴露在外部的各色管道

图 5-50　蓬皮杜中心内景

蓬皮杜中心的建筑设计在国际建筑界引起广泛注意，对它的评论分歧很大。有的赞美它是“表现了法兰西的伟大的纪念物”，有的则指出这座艺术文化中心给人以“一种吓人的体验”。

第六部分

当代建筑艺术赏析

我喜欢建筑要素的混杂，而不要“纯净”；宁愿一锅烩，而不要清清爽爽；宁愿要歪扭变形的，而不要“直截了当”的；宁愿要暧昧模糊，而不要条理分明、刚愎、无人性、枯燥和所谓的“趣味”；我宁愿要世代相传的东西，不要“经过设计”的；宁愿要随和包容，不要排他性，宁可丰盛过度，不要简单化、发育不全和维新派头；宁愿要自相矛盾、模棱两可，不要直率和一目了然；我赞赏凌乱而有生气甚于明确统一。

——罗伯特·文丘里（Robert Ventrira）

20世纪60年代末，随着西方社会普遍进入“丰裕社会”，物质上的极大丰富使得对设计中基本功能满足的要求日趋让位于对于形式不断更新的心理需求的要求，经久耐用的设计原则受到挑战，纷杂而高速发展的社会需要多种多样的艺术形式与之呼应。那种不分南北东西全球一致的国际风格逐渐被冷落。在这种变化的大背景下，20世纪六七十年代以后，在世界建筑舞台上出现了多种多样的“思潮”“流派”和“主义”。它们在艺术观念上突破了经典美学的范畴；在理论上批判了20世纪20年代的正统现代主义，指责它割断历史，倚重技术，忽视人的感情需求，忽视新建筑与原有环境文脉的配合等；在建筑形式上力图突破“国际式”风格的局限。从此世界建筑呈现出新的多元化局面。

（一）后现代主义风格

20世纪70年代，一种对缺乏民族与地域差异的建筑风格的厌烦情绪渐渐滋生，出现了

图6-1 母亲住宅外观

图6-2 波特兰市政大厦外观

所谓的“后现代主义”的建筑潮流。后现代主义风格建筑的特征可以概括为以下几点。

（1）回归历史，热衷于运用历史建筑元素，尤其是古典建筑元素；

（2）追求隐喻的设计手法，以各种符号的广泛使用和装饰手段来强调建筑形式的含义及象征作用；

（3）走向大众化与通俗文化，戏谑地使用古典元素。

被誉为后现代第一个作品的是罗伯特·文丘里1962年设计的栗子山母亲住宅（图6-1）。文丘里一反美国流行的平顶洋楼式样，用坡屋顶再现了早期殖民式风格的山庄别墅形象，巨大的人字屋顶被中央的切槽、入口以及烟道分割成两部分，右侧是狭长的带形窗，而左侧是四方窗，中央入口上部施以拱形线饰以增加装饰性效果。1982年，由美国建筑师迈克尔·格雷夫斯设计的波特兰市政大厦落成，标志着后现代主义已进入美国官方大型建筑。建筑形似一个笨重的方盒子，立面作传统的三段式处理，以实体墙面为主，中间深色墙面的上部呈斗形，下部对称地开了8条竖窗，以隐喻古典柱式。建筑色彩艳丽丰富，像一幅抽象派拼贴画，打破了现代办公楼简洁冰冷的形式，是一座比较成功的后现代建筑作品（图6-2）。

代表作品一：美国新奥尔良市圣·约瑟夫喷泉广场

该广场位于新奥尔良市意大利后裔聚居的意大利广场，是后现代的另一位代表人物查尔斯·摩尔的作品（Charles Moore），建于1978年。这个小广场由公共场地、柱廊、喷

图6-3　圣·约瑟夫喷泉广场

图6-4　斯图加特国立美术馆新馆俯瞰

泉、钟塔、凉亭和拱门组成，充满了古典建筑的片段，却全然没有古典建筑的肃穆气氛。广场地面是黑白相间的同心圆弧铺地，喷泉穿入其间，现状是意大利地图。五个柱廊片段围绕圆心，并被涂上了红、橙、黄等鲜亮的色彩。夜晚，柱廊的轮廓又被霓虹灯勾勒出来。柱廊上可以找到古典柱式的各种样式，但柱头的一部分又由不锈钢材料代替而变得具有调侃意味。柱廊壁檐上喷泉出水口正是摩尔本人的头像（图6-3）。庸俗离奇而又热情欢快，圣·约瑟夫喷泉广场的设计让虚幻与真实、历史与现实、经典与通俗融合在一起。

代表作品二：斯图加特国立美术馆新馆

斯图加特国立美术馆新馆位于德国南部城市斯图加特市中心，建于1983年，是对1837年U形布局的老美术馆的扩建。英国著名建筑师詹姆斯·斯特林（James Stirling）在设计中十分注重建筑大环境与地方文化（传统），采用极富个性的手法（特别是几种具有古典构图元素的建筑语言）来表现新的建筑概念，被誉为“后现代主义建筑”的代表作。

博物馆的矩形展厅围绕一个圆形的露天雕塑庭院。新馆尊重历史环境，把抽象的建筑布局原则与形象的传统建筑的历史片断相结合，将纪念性与非纪念性、严谨与活泼、传统与高科技等一系列矛盾统一在一起，开辟了德国博物馆建筑史上的一片新天地（图6-4）。

詹姆斯·斯特林对纪念性的追求在美术馆中有充分表现：近于对称的布局，明显的中轴线，古罗马风格的内庭，厚重的实墙，采用了花岗岩和大理石为建筑材料，局部广泛采用了古典细部，比如拱券、天井。高低起伏的错落布局、中庭天井中的爱奥尼柱式和古典雕塑装饰等，引起了人们对于古罗马都城和建筑的联想。

但这种纪念性被一些刻意附加的现代派、高技派、构成派语言及游移不定的轴线面减弱了，从而形成了所谓的“非正式的纪念性”。在新馆的建筑上，可见到钢和玻璃组成的构成派的雨罩，入口大厅的扭曲玻璃幕墙，高技风格的排气管道，向人们“明喻”或“暗喻”着巴黎蓬皮杜中心的象征意义。红色钢管硬是串入埃及风格的墙面，庄重的石栏杆上装着直径30厘米的红色钢管扶手。一眼望去，古埃及的、古罗马的、辛克尔的、柯布西耶

图6-5　斯图加特国立美术馆新馆入口

图6-6　古罗马风格的内庭

图6-7　入口大厅扭曲的玻璃幕墙

的、蒙特里安的、福斯特的种种符号混杂并存，几种不同的建筑语言同时传递不同的信息，像一个什锦拼盘或半斤杂拌糖果，极具吸引力，可又让人难以描述它们的味道（图6-5～图6-7）。

代表作品三：东京都新厅舍

1991年建成的东京都新厅舍，可以说是日本后现代主义时代最大的纪念碑。该建筑由日本建筑大师丹下健三（Kenzo Tange）设计。总建筑面积约19.5万平方米，由高度为243米的第一厅舍、高度为163.3米的第二厅舍和环绕都民广场布置的议会栋三大部分组成。地下3层，地上48层，主体为钢结构。议会栋、都民广场、第一厅舍和中央公园所形成的轴线构成了东京都新宿都心的中轴，这种总体布局隐含着该建筑的中心地位和崭新的标志性（图6-8）。丹下健三在这里依旧延续着他的东西结合的风格，建筑外观是由两种深浅不同的花岗岩经精致分格设计后形成的，试图表现江户以来东京的传统特征以及信息化社会高科技的一面。有评论说，东京都新厅舍是“西方哥特式＋日本江户式”，具体说是“巴黎圣母院＋江户方格子”（图6-9、图6-10）。

（二）新地域主义风格

20世纪中期，建筑的“国际风格”在世界各地流行，导致了场所感和文脉主义的丧失，促使人们对建筑文化地域性的关注。与传统地域性建筑相比，新地域主义风格在以下几个方面有了进一步发展。

图6-8　东京都新厅舍鸟瞰

图6-9　东京都新厅舍外观

图6-10　东京都新厅舍的中心广场

1. 追求本土化情调

建筑师以多种手法体现地方特色，如利用建筑强化地域特征和环境气质，或从环境关联中表达地方文化的内涵，或注重气候特点，从地方建筑中吸收成功经验。

2. 探索乡土化和民俗化的艺术表达

设计师关注乡土文化和生活原型，运用隐喻、象征等手段，并通常采用乡土材料和建造技术，以丰富的色彩和独具个性的形式来表达地方风貌、民俗民情和场所感。

3. “高技乡土”倾向

将高技术与地理气候、地域环境、乡土文化以及建筑营造方法相结合，追求既有信息、智能及生态技术功能，又能体现地域文化特色的建筑。

代表作品一：Tjibaou文化中心

建成于1994年的Tjibaou文化中心坐落在新卡里多尼亚首府城市努米亚的一片美丽的半岛上，半岛的南端浸没在湛蓝的太平洋中，岛上遍植诺弗克岛松（图6-11）。

设计者伦佐·皮阿诺从当地的棚屋中受到启发，进而提炼出其中的精华所在——木肋结构。每一根弯曲的木肋都与一条竖向结构相连，这些竖向结构同时作为围合空间的周边结构，木肋之间用不锈钢构件在水平和对角线方向加以连接，不锈钢与木材交接得天衣无缝。木肋高

图6-11　Tjibaou文化中心鸟瞰

图6-12　棚屋的构造

图6-13　Tjibaou文化中心背面

图6-14　Tjibaou文化中心正面

挑着向上收束，其造型上与原始棚屋有着异曲同工之妙（图6-12）。

文化中心由10个这种被皮阿诺称为“容器”（cases）的抽象的棚屋组成。它们高低不等，最高的有28米，沿着半岛微曲的轴线一字排开，形成不同机能的3个村落。“容器”平面基本为圆形，每个容器都是一个独立主题，之间以廊道贯通；置身于其中，人们会体会到这种空间的流动性。

“容器”那舒展的曲面，比松树还高，比桉树还宽，在粼粼的碧波映衬下，它们仿佛是蓝天背景中的舞蹈纹样；而舞蹈，正是卡纳克斯文化最主要的表达方式（图6-13、图6-14）。

基于岛屿炎热的气候特点，文化中心采用被动制冷系统控制。每个“容器”开放性的外壳将来自海上的风传递到室内，气流通过天窗百叶的开合进行机械控制，从而改善室内的风环境。木肋之间的水平构件还有助于减弱高处风力对建筑物的影响。风穿越了开放外壳的木肋，赋予“棚屋”以一种“嗓音”，这正是卡纳克斯村落和森林的嗓音（图6-15）。

代表作品二：西班牙梅里达国立罗马博物馆

西班牙梅里达国立罗马博物馆完成于1985年，建于古罗马城的遗址上，地下通道与对街的古罗马竞技场与露天歌剧院相连。

西班牙著名建筑师拉斐尔·莫尼奥（Rafael Moneo）利用都市设计大尺度的秩序概念，与空间层叠串接的设计手法，将新的博物馆建筑与历史废墟巧妙结合，彰显清晰的时空层

图6-15　Tjibaou 文化中心内景

图6-16　梅里达国立罗马博物馆入口及外观

图6-17　展厅内景

图6-18　拱壁之间的采光天窗

次感。以手工烧制红砖为基本材料，罗马拱壁为主要建筑语汇，建构新建筑与历史对话，博物馆与都市纹理完全结合。通道式的简洁入口，斜坡缓降转入由数道超大拱壁塑造出具震撼尺度的展示空间，两侧中小尺度的展示空间穿越一道道的砖墙隐喻历史回溯（图6-16～图6-18）。

代表作品三：马来西亚双子塔

马来西亚吉隆坡的双子塔于1998年落成，高451.9米。这两栋88层高的摩天楼是由西萨·佩里（Cesar Pelli）设计。体现伊斯兰教传统的独特设计和巧妙的技术使这栋建筑物得以跻身20世纪的杰出摩天大楼之林。

建筑平面呈具有伊斯兰教象征意义的八角形状，扇贝状的幕墙的表面充满了雕塑气

图6-19　马来西亚双子塔

图6-20　空中天桥

图6-21　中庭内景

息，玻璃和不锈钢闪闪发光。立面采用了不锈钢的遮阳篷，以适应这个城市的热带气候（图6-19）。

双子塔采用高强混凝土结构，每座塔楼周边各有16根支柱，直径达2.4米，在每层楼用托梁连接起来。支柱之间8米或10米的宽敞间隔，创造出开阔的空间感，而且每根柱子在立面上只能看到薄薄的一片，使双子塔更显修长。一座两层楼高、58.82米长的天桥，连接了双子塔位于41楼和42楼的会议中心。这是整体设计中的一个重要元素，一方面可以作为从一座塔楼到另外一座塔楼的逃生口，同时也是一个令人赞叹的路标（图6-20、图6-21）。

（三）新高技派建筑风格

20世纪60年代在建筑艺术多元化思潮的促进下，以诺曼·福斯特、伦佐·皮阿诺、理查德·罗杰斯为代表的高技派登上了历史的舞台，并成为建筑界追捧的对象。到了20世纪80年代高技派建筑除了仍旧对科学技术的发展和工业生产保持着强烈的敏锐性，并一直追求技术手段与表现手法的统一性之外，还致力于探索如何使高技术建筑体现出艺术性、情感性以及地域性等特征，使之具有更强的识别性。其主要特征有如下几个方面。

（1）在建筑看似复杂的外形下包含的是高度完整和灵活的内部空间，建筑师努力使所有的永久性构件如外墙、屋顶等都可以拆卸。

（2）通过结构的外露、部件的高度工业化和工艺化来表现高技术风格。

（3）极力发挥新材料和新结构的艺术表现力，充分表达结构技术的审美。

（4）关注生态技术，积极探索将节能技术与建筑艺术有机结合的设计语言。

图6-22　现代阿拉伯研究中心外观

图6-23　现代阿拉伯研究中心南立面

代表作品一：现代阿拉伯研究中心

巴黎现代阿拉伯研究中心是当代法国建筑师让·努维尔（Jean Nouvel）代表作品，建成于1987年。建筑室内外散发着高科技的魅力。半通透、半反射玻璃给建筑带来一种飘忽不定的形象，在阴雨天，灰色的外表几乎消失在蒙蒙水汽中。建筑的形体与城市环境配合得天衣无缝。北面弧形的墙面恰到好处地勾勒出塞纳河的走向。在转角处断开一条狭缝，方向正对着巴黎圣母院。尖锐的弧形楔状体与长方体之间仿佛可以彼此滑动，呈现出动态的力的均衡（图6-22）。

设计中最引人注目之处是南立面的玻璃窗。努维尔在窗户上安装了一种类似于相机快门结构的精密机械装置，并可以由计算机控制采光量。大大小小的采光口组成了一幅绝妙的阿拉伯风格的图案。在这里，现代高科技的精华与古老的阿拉伯文化要素巧妙地结合在一起，富有创造性地用现代技术表达了传统文化的内涵（图6-23、图6-24）。

图6-24　采光口细部

代表作品二：德国法兰克福商业银行总部

法兰克福商业银行总部大厦建于1997年，是世界上第一座“生态型”超高层建筑。设计者福斯特事务所（Sir Norman Foster & Partners）在建筑的象征意义和功能运行中引进生态概念方面进行了一次有益的尝试。

这座53层、高300米、建筑面积10万平方米的办公塔楼矗立在市区中心，紧邻现有的商业银行总部。在设计者的精心规划下，新老建筑关系谐调，原有的街区尺度得到了完好的

图 6-25　法兰克福商业银行总部大厦外观

图 6-26　三角形中庭

图 6-27　空中花园

图 6-28　办公空间内景

保留（图6-25）。

建筑的平面呈三角形，宛如三叶花瓣夹着一枝花茎：花瓣部分是办公空间，花茎部分为中空大厅。中空大厅在起着自然通风作用的同时，还为建筑内部创造了丰富的景观（图6-26）。环三角形平面依次上开的4层高空中花园给建筑内部的每个办公角落都带来了绿色景观，同时又无间断性地为高层建筑节省了大量能源，使塔内每间办公室都设有可开启的窗户，以利于自然通风（图6-27、图6-28）。除了贯通的中庭和架高处花园的设计外，建筑外立面双层玻璃的设计手法同样增加了该高层建筑的生态性，外层是固定的单层玻璃，而内层是可调节的双层Low-E中空玻璃，两层之间是165毫米厚的中空部分，起到内外空气交换的作用。在中空部分还附设了可于室内调节角度的百叶窗帘，炎热季节通过它可以阻挡阳光的直射，寒冷季节它又可以反射更多的阳光到室内。

代表作品三：德国柏林国会大厦改建工程

新古典主义风格为代表的柏林国会大厦始建于1894年，1933年和1945年曾两度被破坏和简单修复。对于这座在德国历史上有着特殊意义的建筑，设计者英国建筑师福斯特在设计中首先设计了一个透明的玻璃穹顶，以“恢复”被毁的古典式穹隆（图6-29、图6-30）。

穹顶内两个沿屋顶盘旋上下的参观坡道为公众提供了一个非常有吸引力的参观场所。穹顶的钢构架细部轻盈，使人有一种置身室外、将柏林中心的市容尽收眼底的感觉。钢结构玻璃穹顶中间倒锥体上的360片反光镜片将自然光反射到大厅内，使阳光洒满了议会大厅，屋顶和大厅之间有一种上下通透的关系（图6-31、图6-32）。倒锥体内的空腔是一个巨大的天然拔气罩，为下部的议会大厅提供了自然通风。穹顶内还设置了一个随日照方向

图6-29　改建后的柏林国会大厦

图6-30　玻璃穹顶近景

图6-31　玻璃穹顶内景

图6-32　议会厅内景

图6-33　二战之前的老墙

自动转动的巨大遮光罩，防止眩光和热辐射。

除了玻璃穹顶外，老建筑的基本形体无大改动，内部空间组织也尊重原始思路。建筑中心全部掏空，只保留外墙面和两个内院。在内墙和外墙造型设计上建筑师遵循这样一个宗旨：显现历史在这座楼上沉积下的看不见的痕迹。改建中重见天日的室内古典墙雕以及第二次世界大战时遗留下的铭文都保留了下来（图6-33）。新老主题的交相辉映，使此建筑不仅是历史的、现代的，也是综合的、复杂的、延续的。

（四）解构主义风格

解构主义是20世纪60年代起源于法国的一种哲学思潮。它所包含的对一切话语现象进行随意评说和反讽的近乎无政府主义的自由精神，对当时的先锋派建筑师产生了极大的影响。70年代开始解构主义理论被运用于建筑设计实践，80年末成为一种设计流派和美学观念。

“解构主义”的建筑创作显得无拘无束、自由散漫，常常采取散乱、突变、动势、残缺、奇绝等艺术手法，形成滚动、错移、翻倾、坠落，甚至坍塌的不安态势，或是以轻盈、活泼、灵巧、飞升的动态印象令观者惊诧叫绝、叹为观止。

代表作品一：拉·维莱特公园

拉·维莱特公园是典型的解构主义作品，建于1984～1988年，是纪念法国大革命200周年巴黎建设的九大工程之一，也是建筑师伯纳德·屈米（Bernard Tschumi）的中标方案。

方案由点、线、面三层基本要素构成。屈米首先把基址按120米×120米画了一个严谨的方格网，在方格网内约40个交汇点上各设置了一个耀眼的红色建筑，这些被称为“Folie”小建筑构成园中“点”的要素。每个Folie的形状都是在长、宽、高各为10米的立方体中变化（图6-34）。Folie的设置不受已有的或规划中的建筑位置的限制，所以有的Folie设在一栋建筑的室内，有的由于其他建筑所占据了面积而只能设置半个，有的又正好成为一栋建筑的入口。可以说方格网和Folie体现了传统的法国巴洛克风格园林的逻辑与秩序。有些Folie仅仅作为“点”的要素出现，没有使用功能。而有些Folie则作为问询、展览室、小卖饮食、咖啡馆、音像厅、钟塔、图书室、手工艺室、医务室之用，这些使用功能也可随游人需求的变化而改变（图6-35、图6-36）。

公园中“线”的要素包括两条长廊、几条笔直的林荫路和一条贯通全园主要部分的流线型的游览路。这条精心设计的游览路打破了由Folie构成的严谨的方格网所建立起来的秩序，同时也联系着公园中10个主题小园，包括镜园、恐怖童话园、风园、雾园、龙园、竹园等。这些主题园分别由不同的风景师或艺术家设计，形式上千变万化。公园中“面”的要素就是这10个主题园和其他场地、草坪及树丛（图6-37～图6-39）。

图6-34　巴黎拉·维莱特公园模型

图6-35　Folie1

图6-36　Folie2

图6-37　拉·维莱特公园局部景观

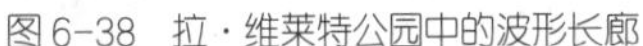
图6-38　拉·维莱特公园中的波形长廊

图6-39　拉·维莱特公园中的竹园

虽然屈米的设计思想自有他的一套解构主义理论为依据，但公园的设计仍然流露出法国巴洛克园林的一些特征，如笔直的林荫路和水渠、轴线以及大的尺度等。即使是那些耀眼的Folie，尽管以严格的方格网来布置，但由于彼此间相距较远，体量也不大，形式上又非常统一，而公园中作为面的要素出现的大片草地、树丛构成了园林的总体基调，因此这些Folie更像是从大片绿地中生长出来的一个个红色的标志。在这种自然式种植的植被中，我们感受不到那种严谨的方格网的存在，整座园林仍然充满了自然的气息。

代表作品二：毕尔巴鄂古根海姆博物馆

毕尔巴鄂古根海姆博物馆于1997年正式落成启用。整个结构体由美国加州建筑师盖里（Frank O. Gehry）借助一套空气动力学软件逐步设计而成。

博物馆选址于城市门户之地——旧城区边缘、内维隆河南岸的艺术区域。整个建筑由一群外覆钛合金板的不规则双曲面体量组合而成，其形式与人类建筑的既往实践均无关系，超离任何习惯的建筑经验之外。随着日光入射角的变化，建筑的各个表面都会产生不断变动的光影效果，避免了大尺度建筑在北向的沉闷感（图6-40）。

博物馆的中庭设计被盖里称为“将帽子扔向空中的一声欢呼”，它创造出以往任何高直空间都不具备的、打破简单几何秩序性的强悍冲击力。朝向中庭的墙壁、天棚、走道、平台、楼梯等倾斜、交错、穿插、扭转，除了上下穿梭的透明电梯在空中划出一条运动的直线外，其他的建筑元素呈现出的几乎都是动感十足的曲线（图6-41）。如此诡异复杂的空间形态，带给人的直接感官刺激是一种难以名状的震撼。整个建筑并不是毫无章法，所有展室都围绕着中庭这个中心轴，向东、南、西三个方向旋转伸展，展室虽然大小不等、形状不一，但室内格局多数规整方正，简洁静素，便于布展与陈列，相对封闭安静的空间又让人能专心体会艺术品，完全满足功能的要求（图6-42）。

毕尔巴鄂古根海姆博物馆以奇美的造型、特异的结构和崭新的材料举世瞩目，被媒体称为“世界上最有意义、最美丽的博物馆”。

图6-40　毕尔巴鄂古根海姆博物馆外观

图6-41　毕尔巴鄂古根海姆博物馆中庭

图6-42　左上：门厅内景；右上：展厅内景；中：光影变幻的建筑外观；左下：钛合金板覆盖的立面细部；右下：博物馆外部环境与雕塑

代表作品三：柏林犹太人博物馆

柏林犹太人博物馆建成于1999年，是欧洲最大的以介绍犹太人为主题的历史博物馆。建博物馆的目的是要记录与展示犹太人在德国前后共约2000年的历史，包括德国纳粹迫害和屠杀犹太人的历史。设计者丹尼尔·里柏斯金（Daniel Libeskind）是出生于波兰的犹太裔建筑师。

柏林犹太人博物馆在建筑形态上是一个弯折的象征破碎的六角形的大卫之星（犹太人的象征）（图6-43）。陈列着犹太人档案的展廊沿着像锯齿形的建筑展开下去，而穿过展廊的空空的、混凝土原色的空间没有任何装饰，只有从裂缝似的窗户和天窗透出模糊的光亮。博物馆外墙以镀锌铁皮构成不规则的形状，带有棱角尖的透光缝，由表及里，所有的线条、面和空间都是破碎而不规则的，人一走进去，便不由自主地被卷入了一个扭曲的时空，馆内几乎找不到任何水平和垂直的结构，所有通道、墙壁、窗户都带有一定的角度，可以说没有一处是平直的（图6-44、图6-45）。设计者以此隐喻出犹太人在德国不同寻常的历史和所遭受的苦难，展品中虽然没有直观的犹太人遭受迫害的展品或场景，但馆内曲折的通道、沉重的色调和灯光无不给人以精神上的震撼和心灵上的撞击。

里柏斯金的设计让参观者只能通过建于1735年、前身为柏林博物馆旧馆的地下室才可进入博物馆。在地下一层中参观者将在岔口处做出选择，三条走廊将通往不同的场所，也隐喻犹太人最初的选择，通往死难、逃亡或者艰难共

图6-43　空中俯瞰柏林犹太人博物馆

图6-44　柏林犹太人博物馆外观

图6-45　扭曲的空间

图6-46　博物馆内部的岔路口

图6-47　“大屠杀塔”内景

存，而在做出选择的时候前途未卜（图6-46）。其中，一条走廊通向黑暗的、有回声的“大屠杀塔”，以纪念成千上万被屠杀的人。沉重的铁门，阴冷黑暗的狭长空间，微弱的光线，使参观者都能感受到大屠杀受害者临终前的绝望与无助，借此混乱的图形表达出欧洲集体意识中最痛苦回忆的恐怖（图6-47）。另一条走廊通向霍夫曼公园，也称“逃亡者之园”，位于外院的一块倾斜的平面上，由49根高低不等的混凝土柱体构成，表现了犹太人流亡到海外谋生的艰苦历程，由于斜坡地面及不垂直的空间感觉，使人感到头昏目眩，步履维艰，使人联想到犹太人流离失所、漂泊不定的沉重经历。每根混凝土排柱顶上均植有树木，表示犹太人生根于国外，充满着新生的希望（图6-48）。最后一条走廊末端是在一个高高的陡峭的楼梯旁，从那里可以去一般展厅。

许多人认为柏林犹太人博物馆本身就是一个无声的纪念碑，作为解构主义建筑的代表作，这座建筑无论从空中、地面、近处还是远处，都给人以强烈的视觉冲击感。博物馆不再以展出文献、绘画或是播放纪录等为主要呈现形式，而是将空间本身视作德国犹太人的历史故事来诠释，给人一种身临其境的震撼和感受。因此整个博物馆建筑可以说是一个介于建筑和雕塑之间的艺术作品。

图6-48 逃亡者之园

（五）新现代主义

20世纪70年代以来世界建筑舞台异彩纷呈，热热闹闹的后现代主义、气派非凡的高技派以及耸人听闻的解构主义都是轰动一时的明星。而与此同时，饱受争议的主张简单、明确和功能主义的现代主义并未就此消亡。相反，在以贝聿铭、理查德·迈耶（R. Meier）、让·努维尔、安藤忠雄（Tadao Ando）等为代表的一大批建筑大师的不断努力下，现代主义建筑思想被注入了技术和情感相结合的充满个性化的活力，并且在当今多元化的社会中日益受到应有的重视，其主要特征如下。

（1）继承现代主义反装饰的纯净美学，发展现代主义几何构成和抽象方法，对现代机器文明表现出一种积极向上的乐观态度。

（2）善于对几何形体的进行拆分、穿插、叠加、并置甚至异构，对细部精心推敲，把握整体审美效果，追求简洁、流畅、精致的形式美，因而作品既符合大众审美趣味，又具有浓厚的时代气息。

（3）运用光完美塑造富有情感的诗意空间。

（4）作品体现出强烈的个性意识、创造意识和文化意识。

代表作品一：道格拉斯住宅

道格拉斯住宅是“白色派”代表人物、美国著名建筑师理查德·迈耶（Richard Meier）在1974年所完成的作品，该住宅位于美国密歇安州，比邻密西根湖，基地坡度陡峭，植被茂盛，风景十分优美（图6-49）。迈耶以他对白色的偏爱和对形式的出色把握使该建筑获得了独特的幽雅和诗意。

硕大的房子仿佛一艘游艇，而建筑师刻意安排的屋顶平台，也有如船上的甲板，令人有如遨游于密西根湖上。第三层是主要的卧室空间，透过卧房外的走廊平台，也可俯视挑高两层的起居室。顺着楼梯而下，到达宽阔的起居室，由框架划分的大片玻璃窗清楚地界定室

图6-49　掩映在茂密树丛中的道格拉斯住宅

图6-50　从起居室眺望湖光山色

图6-51　设计精致的建筑外立面

图6-52　建筑一角连接户外平台的金属楼梯

内外空间，而户外的美景，经过框架玻璃的框景，形成了一幅幅优美的风景画。一楼则是餐厅、厨房等服务性空间（图6-50）。

住宅外部设置了一座金属栏杆扶手的悬臂式楼梯，连接了起居室和餐厅层的户外平台，形成了一套流畅的垂直动线系统。竖向的金属烟囱平衡了整幢房子因楼板和框架玻璃所形成的水平线条，使整幢房子的外观立面更为流畅和完整（图6-51、图6-52）。

代表作品二：卢浮宫玻璃金字塔

在近代建筑艺术史上，卢浮宫的扩建是20世纪80年代最令人瞩目的工程之一。扩建后的卢浮宫入口位于卢浮宫的拿破仑广场中心，为了避免主入口混同于一般地铁车站入口，华裔建筑师贝聿铭从法国古典园林几何构图中得到启发，采用平面为正方形的玻璃锥体。几何形体与西侧的丢勒里公园融为一体，与古典的卢浮宫对称布局保持和谐（图6-53）。透明的锥体既可解决地下大厅的采光又可在室外经反射玻璃看到巴黎多变的天空，走进入

图 6-53　卢浮宫玻璃金字塔

图 6-54　玻璃金字塔覆盖下的地下大厅

图 6-55　倒置的玻璃小锥体

图 6-56　光的十字

口人们仍可环顾四周，形成与卢浮宫在视觉艺术上的交流，可谓高技派与古典手法的完美结合（图6-54）。玻璃锥体的正方形平面边长35.4米，高21.6米，大约是卢浮宫高度的2/3。三面由喷水池围合，喷水池由7个三角形组成，三角形的组合又与锥体的正立面保持一定的关系。主入口的东、南、北三侧各有一个小的玻璃锥体作为呼应，其边长7.9米、高4.8米，是三个小门厅的采光天窗。西侧购物中心中央大厅还有一个倒置的玻璃小锥体，成为室内一景，这也是设计者的独具匠心之笔（图6-55）。

代表作品三：光之教堂

1989 竣工的光之教堂是日本最著名的建筑之一，是日本建筑大师安藤忠雄（Tadao Ando）的代表作。因其在教堂一面墙上开了一个十字形的洞而营造了特殊的光影效果，使信徒们产生接近上帝的错觉而名扬于世，从而建筑获得了由罗马教皇颁发的 20 世纪最佳教堂奖（图 6-56）。

光之教堂位于日本大阪市郊茨木市北春日丘一片住宅区的一角，是现有一个木结构教

图6-57　光之教堂图解

图6-58　光之教堂外立面

堂和牧师住宅的独立式扩建。平面由一个6.28米宽、18米长的矩形空间加上一片斜插进来呈15度角的混凝土墙体组成。斜墙将矩形的空间分成两个部分——一个小的三角形的入口门厅和大的教堂空间。坚实的混凝土墙围合创造出绝对黑暗的空间，讲坛后面的墙体上留出垂直和水平方向的开口，阳光从这里渗透进来，从而形成著名的“光的十字”（图6-57）。

光之教堂的混凝土外墙上，除了大十字架外，并没有任何多余的装饰物（图6-58）。安藤忠雄以其抽象肃然、静寂纯粹的几何学空间创作，让人类精神找到了栖息之所。教堂设计是极端抽象简洁的，没有传统教堂中标志性的尖塔，但它内部是极富宗教意义的空间，呈现出一种静寂的美，与日本枯山水庭园有着相同的气氛。

（六）极少主义风格

20世纪90年代以来，在习惯了现代建筑的流动空间、后现代主义的隐喻和解构主义的分裂特征之后，建筑界开始关注一种以继承和发展现代建筑一个明显特征的潮流——向“简约”回归。这种风格被命名为“极简主义”或“极少主义”。这一风格的作品所表现出来的共性和特征包括以下几个方面。

（1）对建造形式、元素和方式的简化。

（2）追求建筑整体性的表达，强调建筑与场所的关联。

（3）十分重视材料的表达，以对材料的关注替代建筑的社会、文化和历史意义。

（4）对细部的研究从形体转折变化上的仔细推敲，转为对大面积的表皮构造的重视。

代表作品：沃尔斯温泉浴场

位于瑞士沃尔斯镇的温泉浴场在1996年建成之际，即为瑞士著名建筑师彼得·卒姆托（Peter Zumthor）赢得了巨大的声誉，并被誉为是欧洲建筑史上的一座丰碑。同所有的极少主义作品一样，它具有极单纯的建筑形体，仅是一个简单的方盒子而已，但从这一作品中我们却可以清楚地看到，卒姆托是如何运用其天才般的想象力使这样一个简单的形体获得持久和迷人的艺术效果的。

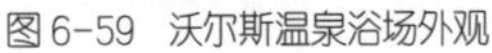

图6-59 沃尔斯温泉浴场外观

图6-60 沃尔斯温泉浴场内景

沃尔斯温泉浴场的下半部分嵌入地下，整座建筑采用层砌的石材构成一种有着微妙差异的整齐表面，像一块平行六面体的石头嵌入山麓，以探寻一种强烈的原始力量（图6-59）。卒姆托选用了沃尔斯当地的片岩作基本承重材料，片岩构成的承重体尺寸庞大，它们已不成为柱或墙，而是矩形的墩子。石墩的大小各有不同，多数在4米×8米左右，不均匀地布置在基地上，通过占据空间起到划分空间的作用。石墩内“挖出”更私密的小空间，没有梁，混凝土的楼板如同“桌面”一样置放在这些石墩上。楼板之间留有6厘米宽的缝隙，用透明玻璃密封，光线从这些缝隙中透过，在室内形成了一种带有心理暗示作用的、神秘的空间氛围（图6-60）。

（七）参数化建筑赏析

20世纪90年代中期，部分前卫建筑师，如扎哈·哈迪德（Zaha Hadid）、蓝天组（Coop Himmelb（l）au）、弗兰克·盖里等开始使用参数化设计方法进行创作，进入21世纪这一方法被广泛使用，参数化建筑也成为一种新的设计思潮。

所谓建筑参数化设计，是把建筑设计的全要素都变成某个函数的变量，通过改变函数，或者说改变算法，获得不同的建筑设计方案。参数化建筑设计代表了一种全新的思维模式，引领着新锐设计师从以往的设计模式中解脱出来，运用更灵活、更富想象力、更精确的方法进行建筑创作。建筑形态与空间向着更流动、更模糊、更复杂的方向发展，加之材料与工程技术不断发展，这些都为建筑师摆脱客观条件的限制及尽可能还原自然世界创造了条件，由此出现了一大批让人觉得耳目一新，而又拥有强烈的未来世界既视感的建筑作品。

参数化建筑的审美意象解读，不是对单纯建筑形象做传统的主观美学的评判，其审美价值隐含在建筑设计过程中生成的那些逻辑关系中。由于使用者和欣赏者不易解读作品的设计意图和深层逻辑，因此参数化形成的复杂而新奇的形体所带来的建筑审美体验更具个体性与多义性，与对传统建筑审美体验完全不同。正如法国哲学家波德里亚所说的，参数化设计等新的科技手段，其知识背景与传统建筑学所提供的知识背景，是完全不同的。在参数化设计得出的设计结果，与传统的建筑学的以风格为主的设计结果之间，无可比性。

图6-61　俯瞰盖达尔·阿利耶夫文化中心，建筑与景观融为一体

图6-62　流畅的建筑造型充满雕塑感，给人以惊奇、梦幻的感官体验

图6-63　层层叠叠的室内界面肌理呈现出独特的视觉美感

代表作品：盖达尔·阿利耶夫文化中心

2013年建成的盖达尔·阿利耶夫文化中心是阿塞拜疆共和国巴库市的地标性建筑，它充分展现了扎哈·哈迪德事务所在“参数化形式范式”上的一贯追求。在这里，建筑的边界已不再重要，室内与城市空间及景观，通过动态的连续形态融化在一起（图6-61）。文化中心流动的造型创意来自于自然地形的起伏折叠。借助先进的计算机技术，设计者们得以将不同的功能、建造逻辑和技术系统全部融入一张连续的复杂曲面表皮之中，加之运用玻璃纤维增强混凝土（GFRC）和玻璃纤维增强聚酯（GFRP）等满足可塑性的饰面材料，最终使建筑表面连续并表现出匀质性（图6-62）。在形成强烈的空间标志的同时，内部错综分布的会议厅、图书馆和博物馆和千人大礼堂等主要功能空间在保证独立使用的前提下，相互渗透、连接。表皮的折叠勾勒出建筑的入口和功能区，而折叠的内部肌理成为室内空间的一种装饰元素（图6-63）。

（八）当代中国建筑师作品赏析

改革开放以来，伴随着中西方之间对外交流的日益频繁与深入，中国建筑师逐渐打破旧有观念的束缚，开始自己的独立思考。经过30余年的积累，中国建筑创作获得了前所未有的发展，呈现出多方向探索和多元发展的局面，在设计水平、施工水平和科技含量等方面显示了东方大国的总体风貌。

1. 现代主义的当代探索与发展

20世纪80年代起中国建筑创作进入了繁荣的新时代，现代主义建筑是其中一个重要方向。一批中国建筑师将场所精神、情感特征注入设计中，创作出了一批富有魅力的现代主义建筑作品，如甲午战争纪念馆（彭一刚，1985）、南京大屠杀遇难同胞纪念馆（齐康，1985）、清华大学图书馆新馆（关肇邺，1991)、崔愷设计的北京外研社办公楼（崔愷，1997）、华山游客中心（庄惟敏，2011）等。

代表作品：侵华日军南京大屠杀遇难同胞纪念馆扩建工程（二期）

侵华日军南京大屠杀遇难同胞纪念馆扩建范围位于纪念馆一期（齐康，1985）的东西两侧，主要包括新扩建纪念馆、万人坑遗址改造及和平公园三部分。展馆的建筑设计由何镜堂院士主持，于2007年落成。

项目总体构思以战争、杀戮、和平三个概念组合，由东到西顺序而成，与此相对应的是"断刀""死亡之庭""铸剑为犁"三个空间意境的塑造，形成序曲——铺垫——高潮——尾声的完整空间序列。南京大屠杀遗址纪念馆地形狭长，状如长刀。新建展馆位于东端，是一个斜插入地面的三角形体块，造型简洁、有力，其端部倾斜向下，犹如"折断的军刀"，隐喻正义战胜邪恶，象征着中华民族通过艰苦卓绝的奋斗终于战胜侵略者（图6-64）。死亡之庭是在原有基础上重组而成，院中的砾石与枯树象征死亡，而触目惊心的新建万人坑遗址更唤醒人们对曾在这块土地上发生的悲惨历史的记忆。和平公园以中国典故"铸剑为犁"纪念碑作为尾声，表达了中国人民奋发向上、祈求和平的美好愿望。建

图6-64　侵华日军南京大屠杀遇难同胞纪念馆鸟瞰

图6-65　尖锐粗粝的石材立面衬托着11米高的主题雕塑《家破人亡》，给人以强烈的视觉冲击感和情感震撼

图6-66　入口纪念广场，保留了原有的十字架等纪念性构筑物，并增设了大型雕塑《冤魂的呐喊》，碎石铺装广场一直延续到新建纪念馆屋顶之上，表达了“生与死”的场所精神主题

筑空间也由东侧的封闭、与世隔绝过渡到西侧的开敞，与城市自然融为一体（图6-65、图6-66）。

2. 地域建筑的现代化

这一创作方向是探索如何将中国传统建筑文化与西方建筑精华有机结合，设计出有中国特色的现代建筑。美籍华裔建筑师贝聿铭1982年设计建成的香山饭店开启此方向之先河，他对中国传统建筑元素符号化的处理与运用，虽在当时备受争议，但影响深远。此后阙里宾舍（戴念慈，1985）、陕西历史博物馆（张锦秋，1991）、北大图书馆新馆（关肇邺，1998）等都是将中国古典建筑的空间、形式、审美现代化社会的功能需求、技术发展、审美风尚结合在一起的经典作品。

代表作品：陕西历史博物馆

陕西历史博物馆位于陕西省西安市，建于1991年，建筑面积5.5万m^2。博物馆建筑整体充分体现了建筑大师张锦秋“在技术上达到国际水平，建筑艺术上成为悠久历史和灿烂文化的象征”的设计思想，着意突出了盛唐风采，反映出唐代博大辉煌时代的风貌。建筑群借鉴了中国宫殿建筑“轴线对称，主从有序，中央殿堂，四隅崇楼的特点”，组合出7个大小不同的庭院，形成室内外空间相互穿插的布局形式，营造出古代帝宫与传统园林相结合的环境氛围（图6-67）。建筑造型以飞檐翼角为母题，表现出中国传统建筑的风貌。整座建筑采用了钢筋混凝土框架结构和玻璃、不锈钢等现代材料，体现了时代特征和当代审美意识（图6-68）。

图6-67　气势恢宏的陕西历史博物馆建筑群

图6-68　博物馆一隅，建筑飘逸的屋顶、精确的尺度、典雅的色彩颇具唐代建筑的神韵

3. 抽象继承

在对待建筑的时代性与文化性这两种不同追求的时候，还有一些建筑师推崇“抽象继承”。他们认为与直接移用传统元素相比，更重要的是继承中国文化的精神。他们的设计手法各异，但都创作出了极富感染力的精彩作品。北京炎黄艺术馆（刘力，1991）通过将传统建筑抽象，省略木结构的细节部分，体现了传统建筑的神韵。广州南越王墓博物馆（莫伯治，1993）整体采用与陵墓石壁一致的红砂岩饰面，入口空间序列隐喻陵墓神道，巧妙地结合地形，依山就势，将展馆、墓室等不同的空间连成一个有序的整体（图6-69）。浙江美术馆（程泰宁，2009）黑色屋顶构件与大片白墙的色彩对比、多面坡顶穿插的造型手法，在“似与不似”之间表达着江南传统建筑特征，如水墨画般流露着江南文化的气质意蕴（图6-70）。

代表作品：大唐西市博物馆

大唐西市博物馆是在唐代长安城西市原址上再建的、原真性保存“西市遗址”的博物馆，是西安市“唐皇城复兴计划”的组成部分。总建筑面积3.2万m^2，于2009年建成。建筑师刘克成在切实保护隋唐西市道路、石桥、沟渠和建筑等遗址的基础上，通过合理布局，

图6-69　广州南越王墓博物馆主入口

图6-70　浙江美术馆外观

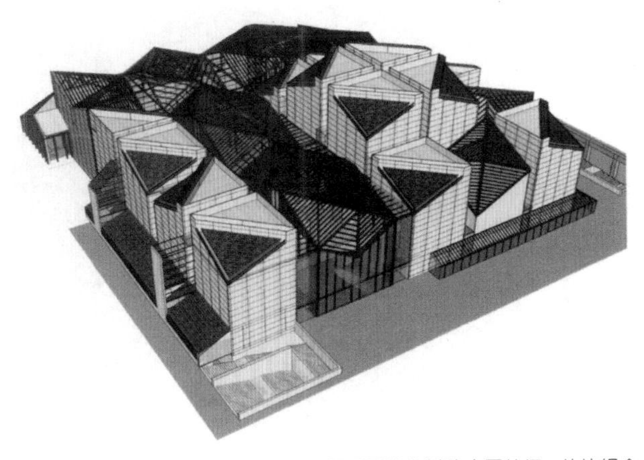

图6-71　大唐西市博物馆3D模型，展示了建筑总体布局特征、体块组合关系和屋顶的形态构成特点

图6-72　大唐西市博物馆主入口

创造性地保护和展示了隋唐西市十字街遗址及十字街原有道路格局、尺度、规模及氛围。通过采用尺寸为12m×12m的展览单元，将隋唐长安城里坊布局、棋盘路网的特点，贯彻于博物馆空间始终（图6-71）。屋顶使用了模数化的钢构架结构单元，采用斜面处理，呼应了周边的古建筑的坡屋顶，造型统一而富于变化与层次。在建筑材料选择上用土黄色、带有夯土肌理的仿石材材料，既体现了历史的沧桑感，也是对唐长安城墙的隐喻和呼应。整座建筑在表达对环境的尊重的同时，也彰显了博物馆自身的个性魅力和艺术性（图6-72、图6-73）。

图6-73　大唐西市博物馆大厅，玻璃地板下是下千年前唐长安城内的路网、水沟、水井

4. 现代建筑的地域化

在不断学习、借鉴、转化与吸收西方现代建筑设计的过程中，一些中国建筑师希望将现代建筑理论与建筑所处的地域特征、文化传统进行结合——寻找一条“现代建筑地域化”的创作之路。这其中吐鲁番宾馆新楼（王小东，1981）、上海博物馆（邢同和，1996）、乌鲁木齐国际大巴扎（王小东，2003）等作品都在将现代建筑形式语言与建筑所处地区的气候因素、文化传统、场所特征有机结合方面做了成功探索。进入新世纪以后，一批年轻建筑师以批判性的视角重新审视了将地方材料、工艺、技术与现代建筑进行结合的可能性，试图以现代主义的方式唤醒地方文化的精神。以天台博物馆（王路，2009）、中国美术学院象山校区（王澍，2004）、宁波博物馆（王澍，2008）、西藏尼洋河游客中心（标准营造，2009），平和县桥上书屋（李晓东，2009）、高黎贡手工造纸博物馆（华黎，2012）为代表的一批建筑设计作品。它们在强烈传递当代性与建筑作品自身个性的同时，保持了明显的地域性气质。

图6-74 “半山半房”的宁波博物馆

图6-75 三层屋顶平台上的“山谷”，垂直墙面采用瓦片墙，倾斜墙面是毛竹模板清水混凝土墙

代表作品一：宁波博物馆

宁波博物馆坐落于宁波南部新城鄞州中心区核心地带，2008年建成。博物馆总占地约40000m²，建筑面积30325m²，是中国第一位获得建筑界最高奖——普利兹克奖的著名建筑师王澍的代表作之一。王澍一向秉持以自然之道、人文地理、景观诗学为出发点，强调建筑与自然融为一体的设计理念，宁波博物馆设计就是这种主张的探索和实践。

宁波博物馆建筑远看没什么特别之处，就是一座灰房子，很平和。走近它，看到的是一幢“半山半房”的建筑。主体三层，局部五层。主体二层以下集中布局。两层以上，建筑开裂，微微倾斜，演变成抽象的山体（图6-74）。一抹水域横贯主入口大通道，并向北环绕在建筑外围，蕴涵宁波历史从渡口到江口再到港口的发展轨迹。而在建筑内部，两层以上为一个高低起伏的公共活动平台。外立面的开窗法及装饰性外墙采用浙东地区瓦片墙和毛竹模板清水混凝土墙。瓦片墙的旧砖瓦大多是宁波旧城改造时存留下来的，年代多为明清时期至中华民国期间，甚至有部分是汉晋时期的古砖，这相当于把宁波历史砌进了博物馆（图6-75、图6-76）。

图6-76 由内部主楼梯空间构成的内“山谷”

代表作品二：福建下石村桥上书屋

“桥上书屋”是清华大学建筑学院教授李晓东带领他的学生，在下石村两座乾隆年间的土楼之间架起的一个桥上的希望小学。书屋的结构是横跨小河的两组钢桁架，桁架之间布置小学的功能，悬挂在结构下部的小桥是可供村民使用的步行桥（图6-77）。

建筑功能非常简单：两个阶梯教室、一个小图书馆、一个小便利店。建筑师将三个功

图6-77　桥上书屋外景

图6-78　桥上书屋一侧入口

图6-79 教室内景

能块全部安置在桥上，教室单侧的走廊通向中间的图书馆，两个教室在两端，分别朝向两个土楼。教室端头分别设计为转门和推拉门，使该区域在课余时间成为两个可以为住民服务的舞台（图6-78、图6-79）。书屋不仅解决两岸的交通联系，成为两座土楼村子共同的公共空间和交流场所，还是孩子们用以学习的教室和玩乐的场所。建筑外表面采用10mm × 15mm × 20mm的木条格栅，用钢龙骨固定。如薄纱一般的表皮处理使室内的视线与行人之间不发生干扰，同时远处溪水的风景又可以畅通无阻的进入到室内。虽然小而现代的设计没有参考地域内传统的建筑形式，但书屋已经成为了这个逐渐衰落村庄的现实和精神中心。正如2010阿卡汗建筑奖的评语所言：桥上书屋协调了过去与现在的时间感、传统与现代的形式、河岸两侧的空间、曾经敌对的村落间的社交，以及村的未来。

5. 不同语境下的个性探索

在当代，除了对“传统与现代”“中国与西方”命题的探讨与实践之外，一些年轻的建筑师也尝试在不同的语境下探索建筑本身的品质与个人审美趣味的表达。

一些建筑师在本土语境下回归现代建筑的原点，通过思考建筑的本体属性，来彰显建筑师的个人追求。如在鹿野苑石刻博物馆（刘家琨，2002）、庐师山庄（王昀，2005）、青浦夏雨幼儿园（大舍，2006）、混凝土缝宅（张雷，2007）四川美术学院虎溪校区图书馆（汤桦，2008）、秦皇岛歌华营地体验中心（李虎，2012）等作品中，我们可以看到建筑师对于建筑空间、材料、建造等基本问题的深入思考。

而另一些建筑师则将对建筑的思考放在都市语境下，认识到建筑城市一体化问题不仅仅要考虑由建筑所构成的城市环境的完整性，同时也需要考虑建筑应该怎样更深入地介入到快速变化的都市生活中。这其中都市实践事务所完成的一系列建筑设计作品，包括大芬美术馆、唐山城市展览馆、南山婚姻登记中心等是较为突出的以都市语境为出发点的建筑作品。

此外，伴随着参数化设计等新的设计方法和技术的发展，以及材料、结构、建造技术

图6-80　歌华营地体验中心西侧外观

图6-81　咖啡厅内景，室内外空间透过玻璃幕墙相互渗透，空间限定手法灵活，层次丰富而流畅。画面远端是剧场，打开朝向庭院的折叠门时，便将室外庭院纳入了剧场空间

的高度发展，一些新锐建筑师，如朱锫、马岩松、徐甜甜等，在创作中突破现代建筑线性空间，探讨建筑形式在当代尽情变化的无限可能性。他们所设计的高度个人化的、具有非常强烈视觉冲击力的作品，具有强烈的跨界感，与产品设计、环境设计间的界限已经日益模糊。它们可以被视为是一种未来语境中的先锋探索。

代表作品一：秦皇岛歌华营地体验中心

体验中心总建筑面积 2700m^2，包括多功能剧场、DIY 空间、书吧、多媒体影音厅、大师工作室、展厅、餐厅和会议室、员工办公及宿舍等空间。OPEN建筑事务所在设计中尝试把通常一个大型营地里所提供的活动体验压缩并有效地组织在紧凑的基地内，利用最少的资源去创造最大化、最丰富的体验。设计以内庭院为中心，四周布置功能空间。立面看上去似乎没有什么特别，但空间通透开放、自由流动，阳光和风可以自在地穿过。灵活可变的空间轻松地适应不同的活动需求。建筑中心的内庭院，不仅是全年的景观，同时也可以扩展为观众席来观看剧场的演出。建筑屋顶为绿化和活动场地。整个建筑置身于自然之中，若隐若现，隔绝于城市的喧嚣之外（图6-80～图6-82）。

代表作品二：南山婚姻登记中心

都市实践建筑事务所在2011年设计建成的南山婚姻登记中心，不仅能够为使用者带来新的生活体验，也为城市创造一个留存永久记忆的场所。

这座面积977.5m^2的小型建筑位于深圳市南山区荔景公园的东北角。椭圆柱形的建筑主体位于基地北端、靠近街道转角的位置，通过架在水面上方的浮桥，与基地南端的凉亭广场相联系（图6-83）。这种布局方式不仅强调了结婚登记的仪式感，也使得位于街角的建筑主体成为一处具有象征性的城市标志物。人们在建筑中的特殊体验是设计的重点。建筑内部的一条螺旋环路，舒缓地串联起整个序列性的片段：到达，穿过水池步向婚礼堂，合

图6-82　屋顶花园与活动场地

图6-83　南山婚姻登记中心全景

影、等候、办理、拾级、远眺、颁证、坡道、穿过水池，与等候的亲友相聚。在建筑内部空间，以需要相对私密的小空间来划分完整的空间体量，剩余的充满整个建筑具有流动性质的公共空间之间形成通高与镂空等丰富的空间效果（图6-84）。包裹整个建筑主体的表皮由两层材料构成，外表皮的铝金属饰面用细腻的花格透出若隐若现的室内空间，内表皮则由透明玻璃幕墙构成真正的围护结构。整个建筑内部空间和外部表皮统一的白色烘托出婚姻登记的圣洁氛围。

图6-84　登记室内景，半私密的小空间与流动的公共空间形成对比，阳光透过双层幕墙赋予室内柔和浪漫的氛围

代表作品三：中国木雕博物馆

MAD设计的哈尔滨中国木雕博物馆于2013年2月建成。这座长约200m、总面积达1.3万m^{2}的博物馆建筑，仿佛一截木头被冻结在位于城市中心的狭长基地上（图6-85）。受到北方特有的自然风貌的启发，博物馆外形混沌而抽象，模糊了固态与液态之间的界限，寻找着“似是而非”的生命特征。银色不锈钢板所覆盖的外表皮，戏剧性地在建筑上反映着周边的环境和变幻的光线。大量的实墙保证建筑很低的热损耗，3个裂开的天窗捕捉着北方的低纬度阳光，给室内的3个中庭空间带来充足的自然漫射光。内部空间界面形态各异，空间交错穿插，充满戏剧性（图6-86）。

在当今的大规模城市建设中，木雕博物馆与自然的对话反而显示出一种超现实的姿态。这样的超现实也许可以打破僵化的城市面具，重拾当地的自然文脉，并赋予这个社区以新的文化特征。

图 6-85　中国木雕博物馆外景

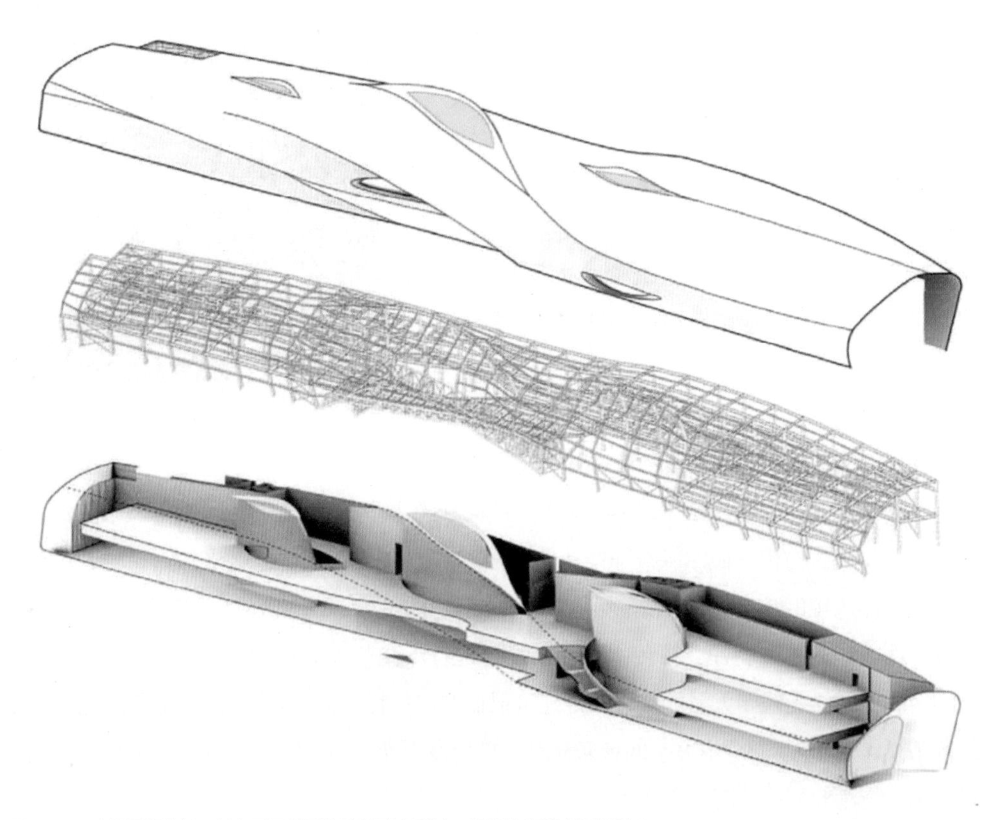

图 6-86　建筑图解分析，从上到下分别为建筑表皮系统、骨架结构和空间体系

参考文献

[1] 萧默. 文化纪念碑的风采——建筑艺术的历史与审美[M]. 北京：中国人民大学出版社，1999.

[2] 刘天华. 凝固的旋律——中西建筑艺术比较[M]. 上海：上海古籍出版社，2005.

[3] 张敕，赵洪恩. 建筑艺术教育[M]. 北京：人民出版社，2008.

[4] 刘丹. 世界建筑艺术之旅[M]. 北京：中国建筑工业出版社，2004.

[5] 张夫也，肇文兵，滕晓铂. 外国建筑艺术史[M]. 长沙：湖南大学出版社，2007.

[6] 夏娃. 建筑艺术简史[M]. 合肥：合肥工业大学出版社，2006.

[7] 王世仁. 理性与浪漫的交织[M]. 天津：百花文艺出版社，2005.

[8] 陈志华. 外国建筑史（19世纪末叶以前）（第三版）[M]. 北京：中国建筑工业出版社，2004.

[9] 潘古西. 中国建筑史（第五版）[M]. 北京：中国建筑工业出版社，2003.

[10] 吴焕加. 现代西方建筑的故事[M]. 天津：百花文艺出版社，2005.

[11] 楼庆西. 中国传统建筑文化[M]. 北京：中国旅游出版社，2008.

[12] 郑曙旸. 景观设计[M]. 北京：中国美术学院出版社，2002.

[13] 褚智勇. 建筑设计的材料语言[M]. 北京：中国电力出版社，2006.

[14] 王小回. 中国传统建筑文化审美欣赏[M]. 北京：社会科学文献出版社，2009.

[15] 郑先友. 建筑艺术——理性与浪漫的交响[M]. 合肥：安徽美术出版社，2003.

[16] 王绍森. 透视“建筑学”：建筑艺术导论[M]. 北京：科学出版社，2000.

[17] 罗小未. 外国近现代建筑史（第二版）[M]. 北京：中国建筑工业 出版社，2004.

[18] 尹国钧. 西方建筑的7种图谱. 重庆：西南师范大学出版社，2008.

[19] 万书元. 当代西方建筑美学新潮[M]. 上海：同济大学出版社，2012.

[20] 当代中国建筑设计现状与发展课题研究组. 当代中国建筑设计现状与发展[M]. 南京：东南大学出版社，2014.

[21] 《世界建筑》《城市环境设计》《建筑学报》《新建筑》《建筑与文化》《中国建筑装饰装修》相关各期.

[22] www.archdaily.cn.

图片声明

本书中大部分图片来源于上述参考文献，小部分来源于网络。

由于无法联络到图片作者，在此对图片作者表示诚挚的感谢，并请看到后与我联系，以支付图片使用费，联系邮箱：xyym_lw@sina.com。